ICE SUMMER DESSERT

冰冰爽的夏日甜点

梁凤玲（Candy）/ 著

张 青岛出版社
QINGDAO PUBLISHING HOUSE

图书在版编目（CIP）数据

冰冰爽的夏日甜点 / 梁凤玲著. -- 青岛：青岛出版社, 2018.6
ISBN 978-7-5552-7181-9

Ⅰ.①冰… Ⅱ.①梁… Ⅲ.①饮料—冷冻食品—制作 Ⅳ.①TS277

中国版本图书馆CIP数据核字(2018)第132718号

冰冰爽的夏日甜点

著　　者	梁凤玲（Candy）
摄　　影	王恒光　黄幸俊　梁丽银　王健和
出版发行	青岛出版社
社　　址	青岛市海尔路182号（266061）
本社网址	http://www.qdpub.com
邮购电话	13335059110　0532-85814750（传真）　0532-68068026
责任编辑	周鸿媛
特约编辑	张文静
装帧设计	丁文娟　周　伟　叶德永
印　　刷	青岛东方丰彩包装印刷有限公司
出版日期	2018年7月第1版　2018年7月第1次印刷
开　　本	16开（710毫米×1010毫米）
印　　张	12
字　　数	100千
图　　数	1691幅
印　　数	1-6000
书　　号	ISBN 978-7-5552-7181-9
定　　价	49.80元

编校印装质量、盗版监督服务电话　4006532017　0532-68068638
本书建议陈列类别：生活类 美食类

这不是一本纯粹的烘焙书，它更像是我的一部心灵成长笔记，是我和你共同努力追求美好生活的姿态，是我在追求我想要的生活的过程中所做的探索。

这是继 2017 年玩美书系《简单烘焙》之后的又一本新书。真心喜爱烘焙的人都知道，每一份烘焙出来的食物，都在讲述着一个故事，当你将它入口的那一瞬间，美味与味蕾的触碰仿佛舞出优美的华尔兹，咬上一口，则满心温柔。

有人说："女人有两个胃，一个用来吃饭，一个用来吃甜点。"你是不是也一边担心会发胖，一边却难以抵挡甜点的诱惑。那精致可爱的外表，那甜蜜妖娆的味道，就像挥之不去的初恋情怀，始终萦绕在心头。

这本书主打适合夏日享用的低热量甜点：有口感弹润的慕斯蛋糕（冷冻后食用味道更佳），有人气满满的网红小点心，有冰冰凉凉的雪糕、冰淇淋，还有颜值爆表的流行饮品……这些甜点口感清凉，甜润适口，让你既可以清爽度夏，又可以畅享美味而不用担心发胖，这是何等的舒适与惬意啊！

在书里面，我会对不同甜点和饮品的制作方法、诀窍等进行提炼、归纳，只要记住这些要点，加上日常实践中的灵活变通，你就可以做出五花八门的甜点来。对我来说，一款完美的甜点，不限时间、不限场地就能轻松完成，既不费时，也不焦虑，随性搭配好手头现成的配料就行。炎炎夏日，在家里看看电视、做做瑜伽，再吃上一口冰冰爽的低热量甜点，这感觉真是——超幸福！

让我们多多挑战不同的美味吧，期待这本书能够带给你一个不一样的纯净清爽、甜蜜冰凉的夏天！

梁凤玲（Candy）

2018 年 5 月于佛山

目录

Part 3 透心凉 · 冰点

雪糕 · 冰淇淋

Part 4 炫酷爽·冰饮

莫吉托·苏打水·沙冰·水果茶·思慕雪·咖啡·奶茶

167

芒果草莓冰茶

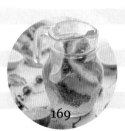

169

香橙西柚冰茶

173

夏日思慕雪

174

草莓酸奶思慕雪

176

蓝莓香蕉思慕雪

178

燕窝木瓜芒果思慕雪

181

西柚奶昔

183

红丝绒拿铁

185

咖啡奶茶

187

海盐咖啡

189

珍珠奶茶

190

抹茶奶盖

Part 1

做甜点的基础
材料与工具

糖粉

细砂糖

椰蓉

牛奶

低筋面粉

淡奶油

玉米淀粉

新鲜鸡蛋

无盐黄油

奶油奶酪

色拉油

基础材料

色拉油 是各种植物原油经脱胶、脱色、脱臭（脱脂）等加工程序精制而成的高级食用植物油，主要用于制作蛋糕。市场上出售的色拉油主要有大豆色拉油、油菜籽色拉油、米糠色拉油、棉籽色拉油、葵花子色拉油等。

动物性无盐黄油 是从牛奶中提炼出来的油脂，具有天然的乳香。

淡奶油 也称"动物性淡奶油"或"鲜奶油"。淡奶油是将牛奶中的脂肪分离后获得的，脂肪含量一般为30%~36%，可用于制作甜点、冰淇淋；加入适量的细砂糖打发后，可用于蛋糕装饰、裱花和抹面。

低筋面粉 简称低粉，又叫蛋糕粉，通常用来做蛋糕、饼干、小西饼点心、酥皮类点心等。

吉利丁片

玉米糖浆

可可粉

雪花酥用饼干

香草豆荚

黑珍珠

熟黄豆粉

蜜红豆

麻薯面包预拌粉

泡打粉

奥利奥饼干碎

抹茶粉

细砂糖	一种精炼过的食糖，是常用的调味品，也是最常用的甜味剂。
糖粉	可当作调味品用于制作各种美味小吃，也可以用粉筛筛在西点成品上作为表面装饰。
可可粉	具有浓烈的可可香气，可用于冰淇淋、饼干、糕点的制作。
鸡蛋	是制作蛋糕或饼干不可缺少的原料，要保证新鲜。
吉利丁片	吉利丁片或吉利丁粉广泛用于慕斯蛋糕、果冻的制作，主要起稳定结构的作用，须存放于干燥处，否则会受潮黏结。吉利丁片使用前，要先用冷开水泡软沥干。

杏仁片

扁桃仁

黑巧克力币

可可脂巧克力　可可脂巧克力具有浓香醇厚的味道和深邃诱人的光泽，拥有独特的平滑感和入口即化的特性。

杏仁粉　杏仁粉是杏仁的一种加工产品，是制作马卡龙甜点的主要材料，在制作饼干、塔底时加入杏仁粉，能让成品更加酥脆。

白巧克力币

杏仁粉

榛子仁

南瓜仁

核桃仁

果仁 果仁包括花生、葵花子、核桃、板栗、杏仁、南瓜子、西瓜子、腰果、松子、开心果、白果、莲子等，是营养丰富的优良食材，也是制作饼干、蛋糕、牛轧糖、雪花酥等的原材料，可增加成品酥脆、鲜香的多重口感。

棉花糖

黑芝麻

打蛋器	有手动打蛋和电动打蛋器两种，是制作蛋糕体，打发奶油、黄油等的必备工具。手动打蛋器一般用来做基础混合或者打发量少的奶油、黄油等；手持的电动打蛋器一般用来打发量多的奶油、黄油等。
打蛋盆	建议选取不锈钢材质的打蛋盆，盆身较深（防止打发时材料溅出）。打蛋盆用于制作蛋糕体时打发蛋清、奶油、黄油等，或对奶油进行调色。
电子秤	是烘焙必备的工具，建议选购能够精确称量到0.1g的。
粉筛	用于过筛粉状材料。大粉筛直径约14cm，主要用于过筛面粉；小粉筛直径约5cm，用于给蛋糕表面筛糖粉、可可粉等装饰物。
刮刀	用于混合面糊，拌匀打发好的奶油或奶油调色等；一般分为普通耐高温刮刀和硅胶刮刀。
蛋糕模具	烤制蛋糕体的模具。大致分为普通圆形模具、烟囱模和不规则慕斯模具等。
晾架	用于放凉蛋糕体或饼干等。
量杯、量勺	用来称量液体或固体。

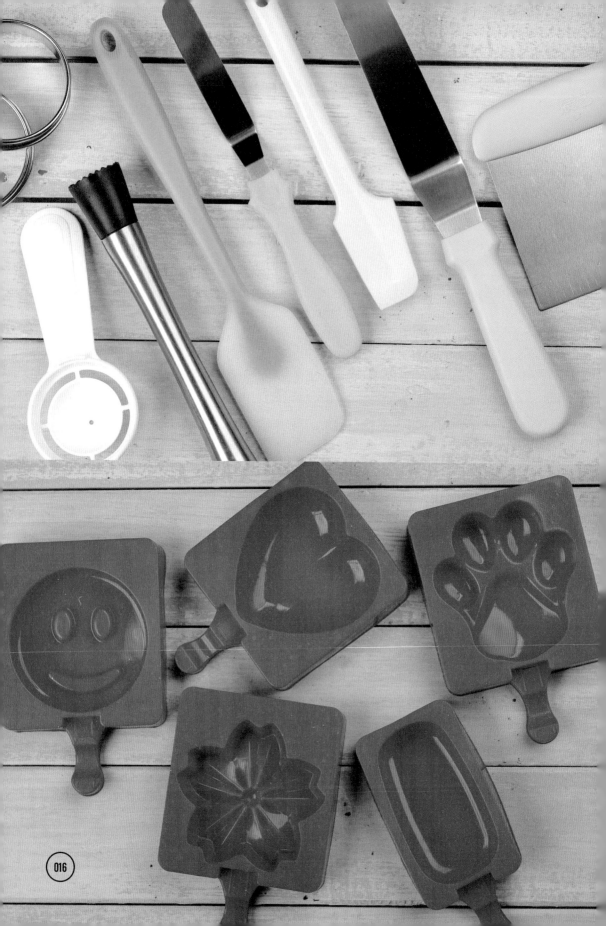

抹刀	用于奶油抹面。
搅拌机	又叫料理机，用于水果榨汁、饼干或果仁打碎及制作奶昔、沙冰等。
捣棒	用于捣碎、碾压柠檬、薄荷叶及各种水果。
冰淇淋硅胶模	用于制作冰棒、冰淇淋棒等。
多连硅胶模	用于制作蛋糕、布丁等，脱模方便，容易清洁。
一次性纸杯	用于烘烤蛋糕，方便外带。

Part 2

超人气·甜点

蛋糕·慕斯·饼干

覆盆子白巧克力
芝士蛋糕

❀

（6寸）

覆盆子，因为有着极美的外表，常用于高级西点的最后装饰或内馅使用。实际上，覆盆子还有着不错的药用价值。香滑的乳酪与覆盆子及巧克力混合在一起，配上浓香的饼底，这美味无法形容！

步骤 **制作饼干底**

材料 **饼干底**

奥利奥饼干碎 —— 100g

无盐黄油 ———— 33g

材料 **芝士蛋糕**

白巧克力 ———— 100g

无盐黄油 ——— 12.5g

奶油奶酪 ——— 250g

细砂糖 ————— 37g

老酸奶 ————— 62g

鸡蛋 ————— 1个

淡奶油 ———— 60ml

覆盆子果蓉 ——— 35g

制作芝士蛋糕

1. 准备饼干底材料。

2. 无盐黄油隔水化开，倒入饼干碎里，搅拌均匀。

3. 倒入模具里，用勺子压实，压至3~4厘米高，冷藏备用。

4. 奶油奶酪室温软化，加入细砂糖搅拌均匀；加入老酸奶，搅拌均匀；加入淡奶油，搅拌均匀；加入全蛋液，搅拌均匀，成芝士糊。

5. 芝士糊过筛备用。

6. 白巧克力加无盐黄油，隔水化开。

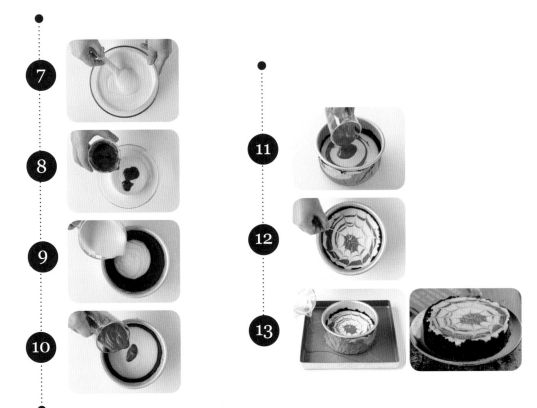

7. 与芝士糊搅拌均匀。

8. 取120g白巧克力芝士糊与覆盆子果蓉搅拌均匀。

9. 从冰箱中取出饼干底。将剩余的白巧克力芝士糊分为3份，其中一份倒在饼干底上。

10. 在白巧克力芝士糊中间位置倒入1/3的覆盆子糊。

11. 摊开后，在其上中间位置倒入1/3的白巧克力芝士糊；摊开后，在其上中间位置再倒入1/3覆盆子糊。

12. 再重复以上做法。最后用牙签挑出大理石花纹。

13. 模具包好锡纸，烤盘加水，放入预热好的烤箱，用110℃隔水烘烤45分钟即成。

TIPS

1. 化开白巧克力的水温不宜过高，控制在45℃左右即可。

2. 芝士糊里每加入一种食材都要搅拌均匀，然后再加下一种。

3. 这款蛋糕是低温嫩烤的，温度过高蛋糕容易上色，影响美观。

4. 模具进烤箱前需要包好锡纸，以防进水。

豆乳盒子蛋糕

（2盒）

豆乳盒子蛋糕是爆款的网红蛋糕，以口感细腻、营养丰富著称。黄豆粉是黄豆炒过后磨制而成的，含大量食物纤维。这款小甜点不仅口感好，而且营养价值极高。

材料 戚风蛋糕

鸡蛋	——————	3个
色拉油	——————	30ml
牛奶	——————	50ml
细砂糖	——————	45g
低筋面粉	——————	50g

材料 豆乳酱

蛋黄	——————	2个
细砂糖	——————	40g
低筋面粉	——————	18g
豆浆	——————	200ml
无盐黄油	——————	15g
奶油奶酪	——————	100g

装饰

淡奶油	——————	150ml
细砂糖	——————	12g
熟黄豆粉	——————	50g

步骤 制作戚风蛋糕

1

准备制作戚风蛋糕的材料。

2

鸡蛋分离出蛋白和蛋黄，蛋白冷冻备用。

3

蛋黄中加入15g细砂糖和牛奶、色拉油，搅拌至细砂糖化开。

4

筛入低筋面粉，混合均匀。

5

30g细砂糖分3次加入蛋白里，用电动打蛋器打至8分发。

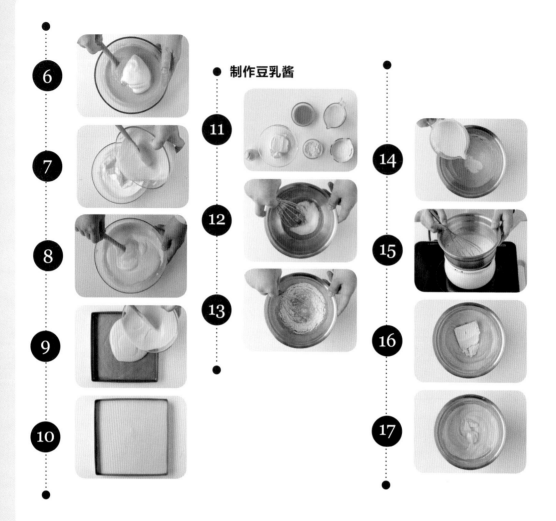

制作豆乳酱

06. 用刮刀取1/3打发好的蛋白霜，与蛋黄糊翻拌均匀。

07. 再取1/3打发好的蛋白霜，与蛋黄糊翻拌均匀后，倒回剩余的蛋白霜中。

08. 翻拌成细致均匀的戚风蛋糕面糊。

09. 倒入铺好纤维垫或者油纸的烤盘里。

10. 入模后震模两下，放入预热好的烤箱，用160℃中层、上下火，烘烤25分钟。

11. 准备制作豆乳酱的材料。

12. 蛋黄加入细砂糖，用手动打蛋器搅拌至细砂糖化开。

13. 加入低筋面粉，搅拌均匀。

14. 豆浆慢慢加入，搅拌均匀。

15. 隔热水边煮边搅拌，煮至蛋黄糊呈浓稠状即可。

16. 趁温热加入奶油奶酪，搅拌均匀。

17. 加入无盐黄油，搅拌均匀。装入裱花袋备用。

● 组装蛋糕

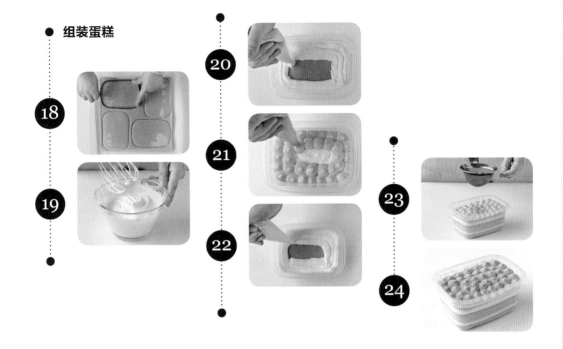

18. 烤好后的戚风蛋糕，用千层蛋糕圈切成4片。

19. 淡奶油加入细砂糖，完全打发。

20. 盒子里放入一片蛋糕片，挤一层打发好的淡奶油。

21. 淡奶油上挤满圆形的豆乳酱。

22. 再放一片蛋糕片，挤一层打发好的淡奶油。

23. 上面再挤满一层圆形的豆乳酱，撒上熟黄豆粉。

24. 密封冷藏4小时后食用。

TIPS

1. 做这款豆乳盒子所用到的戚风蛋糕，蛋白只需要打到8分发，做出的蛋糕口感才绵软。

2. 煮豆乳酱时，隔水加热的火候很关键，太稠影响口感，太稀会有生粉味。

3. 我这次用的豆浆是无糖的，如果使用含糖豆浆，配方中的糖就要适当减少用量。

法式草莓蛋糕

（6寸）

法式草莓蛋糕使用法式慕斯的制作方法，时令的草莓鲜嫩多汁，加上香草慕斯，配合杏仁饼底，在口腔里完美结合，让人一试难忘！

(材料) 杏仁海绵蛋糕

全蛋液	——————	67ml
杏仁粉	——————	47g
糖粉	——————	47g
低筋面粉	——————	13g
蛋白	——————	87g
细砂糖	——————	21g
无盐黄油	——————	11g

(材料) 香草卡仕达奶油

草莓	——————	10个
蛋黄	——————	2个
细砂糖	——————	40g
低筋面粉	——————	20g
香草荚	——————	1/4根
牛奶	——————	250ml
无盐黄油	——————	110g
白朗姆酒	——————	7ml

(装饰) 覆盆子果冻

覆盆子果蓉	——————	50g
细砂糖	——————	35g
吉利丁片	——————	2g

(步骤) 制作杏仁海绵蛋糕

1 准备制作杏仁海绵蛋糕的材料。

2 蛋白加入细砂糖，用电动打蛋器打至9分发。

3 全蛋液加杏仁粉、糖粉，打至发白。

4 打发好的蛋白霜分2次加入全蛋面糊，翻拌均匀。

5 筛入低筋面粉，翻拌均匀。（尽量减少切拌次数）

6

无盐黄油隔水化开后加入，翻拌均匀。

7

倒入垫好高温布的烤盘中抹平。（尽量减少来回抹的次数）

8

模具震两下，放入预热好的烤箱，185℃中层、上下火，烘烤12分钟。

9

出炉后放烤网晾凉，用慕斯圈切6寸和5寸蛋糕片各一片，备用。

● **制作香草卡仕达奶油**

10

准备制作香草卡仕达奶油的材料。

11

蛋黄加入细砂糖，搅拌至细砂糖溶化。

12

加入低筋面粉，搅拌均匀。

13

把香草荚切开，刮出香草籽，放入牛奶中，加热至40℃左右。

14

慢慢倒入蛋黄糊里，搅拌均匀。

15

隔热水边煮边搅拌，煮至蛋黄糊呈
浓稠状即可。

16

搅拌至凉后，加入无盐黄油，搅拌均匀。

17

加入白朗姆酒，搅拌均匀，
装入裱花袋备用。

● **组装蛋糕**

18

慕斯圈包锡纸或者保
鲜膜，放入6寸蛋糕
片。草莓切开，在模
具四周放一圈。

19

挤入一半香草卡仕达
奶油，铺上5寸的蛋
糕片，再把剩下的奶
油填至9分满，入冰
箱冷冻1小时即成。

● **制作覆盆子果冻**

20

准备覆盆子果冻的材料。

21

吉利丁片用冷水浸泡,
沥干备用。

22

覆盆子果蓉加入细砂糖,加热至40℃后加入
泡好的吉利丁片,搅拌均匀。

23

覆盆子液放凉后,倒入冷冻好的蛋糕表面,
冷藏一晚。

24

用火枪或者热风筒在模具外围吹一圈,脱模。

TIPS

1. 制作这款杏仁海绵蛋糕,注意搅拌次数不宜过多,搅拌过度容易消泡。打发蛋白霜时注意不要打过,蛋白霜应当有弹性,打至细腻即可。烘烤时要注意高温短时间烘烤,烤制时间过长,口感偏干。

2. 煮香草卡仕达酱时,隔水加热的火候很关键,太稠影响口感,太稀会有生粉味。因为没有添加吉利丁片,仅靠无盐黄油凝固,所以尤其要注意调酱不宜过稀。

3. 蛋糕表面的覆盆子果冻也可以用草莓果泥代替。

抹茶慕斯蛋糕

（6个）

抹茶慕斯是采用抹茶与慕斯混合制作的一款甜点。抹茶慕斯拥有独特的香味，幼滑细腻的口感，是抹茶控的最爱！

奶油奶酪 ——— 180g

细砂糖 ——— 45g

吉利丁片 ——— 6g

抹茶粉 ——— 10g

淡奶油 ——— 170ml

牛奶 ——— 60ml

（步骤）

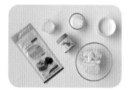

1 准备材料。

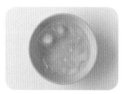

2 吉利丁片放入冷水中，泡软备用。

3 抹茶粉、牛奶和细砂糖倒入奶锅，小火加热至细砂糖溶化，约40℃时关火，搅拌均匀。

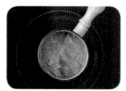

4 加入吉利丁片，隔水化开。

5

奶油奶酪室温软化，用刮刀拌匀。

6

加入抹茶液体，搅拌均匀。

7

淡奶油打至7分发，抹茶乳酪糊过筛，加入打发好的淡奶油中，搅拌均匀。

8

装入裱花袋，挤入模具，冷冻一晚。

9

取出脱模，冷藏保存。

TIPS

1. 该配方使用6寸圆形蛋糕模，底部可以配蛋糕底或者饼干底。

2. 去掉配方里的抹茶粉，就是原味奶酪慕斯蛋糕了。

水蜜桃是人见人爱的水果，拥有少女般的粉嫩与香润。这款水蜜桃慕斯搭配红丝绒蛋糕，带给你不一样的视觉和味道享受！

水蜜桃蛋糕卷

（6个）

材料 **红丝绒蛋糕**

鸡蛋 —————— 3个
细砂糖 ————— 65g
低筋面粉 ———— 60g
牛奶 ————— 30ml
无盐黄油 ———— 10g
红丝绒液 ———— 1.5ml

材料 **水蜜桃慕斯**

水蜜桃泥 ———— 240g
淡奶油 ————— 280ml
吉利丁片 ———— 10g
细砂糖 ————— 50g

步骤 **制作红丝绒蛋糕**

1 准备蛋糕体的材料。

2 无盐黄油和牛奶隔水加热，待黄油化开后，加入红丝绒液备用。

3 全蛋液中加入细砂糖，用电动打蛋器隔40℃的温水，高速打至微微发白，有粗泡。

4 打蛋盆从温水上移开，继续高速打发，打至发白，体积变大，提起打蛋器能写"8"字，且3秒不消失。

5

转低速慢慢地打，整理蛋液糊气泡，至细腻光滑即可。

6

取下打蛋器的打蛋头，加入过筛的低筋面粉，用搅拌头搅拌均匀。

7

加入红丝绒混合液，用刮刀翻拌均匀。

8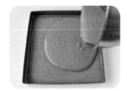

倒入铺好纤维垫的28cm烤盘里。

9

抹平，放入预热好的烤箱，185℃中层、上下火，烘烤14分钟。

10

出炉后放晾网上，把蛋糕体的两端切掉，切成6条3cm×28cm的蛋糕长条。

11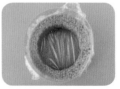

把烤至金黄色的那一面朝内卷起来，透明围边围在外围，固定好蛋糕卷，底部包保鲜膜。

● 制作水蜜桃慕斯

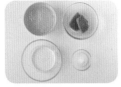

12 准备水蜜桃慕斯的材料。

13 吉利丁片放入冰水中泡软, 沥干备用。

14 水蜜桃泥加入细砂糖, 小火加热至细砂糖溶化, 约40℃即可。

15 加入泡好的吉利丁片, 搅拌均匀。

16 淡奶油打至7分发, 与水蜜桃液混合搅拌均匀。

17 倒入蛋糕卷中, 冷藏4小时后即可享用。

TIPS

1. 这款蛋糕体属于全蛋海绵蛋糕, 去掉红丝绒液就是原味的海绵蛋糕。全蛋打发需要打发到位, 如果没有打发好, 面糊会消泡。

2. 无盐黄油和牛奶需保持在30℃左右, 温度过低会影响搅拌, 导致面糊沉淀。

3. 蛋糕烘烤的时间不宜过长, 时间长了蛋糕体偏干, 卷的时候会裂开。

4. 配方中的水蜜桃泥选用的是冷冻的果泥, 也可以将新鲜熟透的水蜜桃打成果泥使用。

抹茶毛巾卷

（8寸）

又一款新式的网红蛋糕卷诞生了！在炎热的夏季，用黏糯的红豆搭配清香的抹茶，能给你带来夏日中的一抹清凉。

材料

鸡蛋	——————	3个
细砂糖	——————	65g
牛奶	——————	300ml
低筋面粉	——————	90g
抹茶粉	——————	15g
无盐黄油	——————	30g
淡奶油	——————	200ml
蜜红豆	——————	50g

步骤

1 准备材料。

2 抹茶粉加入100ml牛奶中，搅拌至没有颗粒。

3 无盐黄油隔水化开，倒入抹茶液体和细砂糖，搅拌均匀。

4 加入全蛋液，搅拌均匀。

5 筛入低筋面粉，搅拌均匀。

6 加入剩下的牛奶，搅拌均匀。

7 过筛备用。

8 舀一勺面糊放入8寸不粘平底锅中，转动平底锅，让面糊均匀分布成圆形。

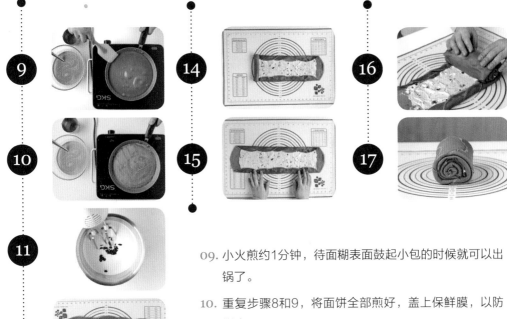

09. 小火煎约1分钟，待面糊表面鼓起小包的时候就可以出锅了。

10. 重复步骤8和9，将面饼全部煎好，盖上保鲜膜，以防饼皮风干。

11. 淡奶油加蜜红豆，打至9分发。

12. 在硅胶垫上铺上5张面饼，抹上奶油。

13. 边上尽量不要抹奶油。

14. 将没有奶油的长条边往里折，再从左往右卷起来。

15. 再取5张面饼，重复步骤12~13。

16. 把第一个卷好的蛋糕卷放在上面，从左往右卷起。

17. 卷好后，放入冰箱冷冻30分钟，取出撒上抹茶粉装饰。

TIPS

1. 煎面饼时要选用平底不粘锅，用小火。

2. 面饼煎至鼓起小包的时候就熟了，不宜煎的时间过长，时间过长面饼偏干，影响口感。

3. 淡奶油要打至9分发。奶油打硬一点，毛巾卷的形状会比较好看。去掉配方里的红豆，加20g细砂糖打淡奶油，就是原味的奶油。

4. "毛巾卷"冷冻后再撒抹茶粉装饰，以避免受潮。

5. 喜欢层次多的，可以用6~7张面饼，但不建议使用7张以上。

6. 抹茶粉换成可可粉或低筋面粉，"毛巾卷"就变成可可味或原味。

香橙杯子
米蛋糕
（9个）

香橙蛋糕的口感比戚风蛋糕更有韧性，咬下去伴有香橙的细屑，浓浓的橙香味让人印象深刻。蛋糕表面挤上柔软细腻的香橙奶酪奶油，丝滑软嫩的口感带给你满满的感动！

材料 蛋糕体

鸡蛋	2个
香橙汁	45ml
细砂糖	51g
黏米粉	50g
低筋面粉	15g
色拉油	25ml
香橙皮屑	1个

材料 装饰奶油

淡奶油	150ml
奶油奶酪	50g
香橙皮	1个
细砂糖	18g

TIPS

1. 这款添加了黏米粉的戚风蛋糕，口感比较紧实，适合制作裱花蛋糕。

2. 蛋白霜打至光滑细腻、9分发即可。

3. 用于表面装饰的奶油奶酪可以用马斯卡彭芝士代替，也可以不用。

步骤 制作蛋糕体

1 准备蛋糕体的材料。

2 香橙皮屑加入13g细砂糖，搅拌均匀，静置10分钟至出香味。

3 加入蛋黄，搅拌均匀。

4 加入香橙汁，搅拌均匀。

5 加入色拉油，搅拌均匀。

6

筛入黏米粉和低筋面粉，搅拌均匀。

7

38g细砂糖分3次加入蛋白里，用电动打蛋器打至9分发。

8

取1/3打好的蛋白霜放入蛋黄糊中，用刮刀翻拌均匀。

9

倒回蛋白霜里，用刮刀翻拌均匀。

10

放入裱花袋，挤入纸杯里，至9分满。放入预热好的烤箱里，145℃中层、上下火，烘烤35分钟。

● **制作装饰奶油**

11

淡奶油加入香橙皮屑、奶油奶酪、细砂糖，用电动打蛋器打至全发。

12

装入裱花袋，装上带齿的花嘴，在蛋糕表面挤一圈奶油装饰。

焦糖乳酪麦芬

☀

（4杯）

麦芬蛋糕是一类常用于搭配饮品的甜点，制作简单，口感独特。麦芬蛋糕是从"Muffin Cake"音译过来的，是指以纸杯为模具制成的小蛋糕。它的外形小巧可爱，讨人喜欢。这款麦芬蛋糕加入乳酪制作，融入焦糖的香甜，外酥内嫩，好吃到让你停不下来！

材料

太妃酱	50g
无盐黄油	60g
细砂糖	55g
鸡蛋	1个
老酸奶	30g
牛奶	35ml
低筋面粉	130g
泡打粉	3g
奶油奶酪	40g

步骤

1

准备材料。

2

无盐黄油室温软化，加入细砂糖。

3

用电动打蛋器打至细砂糖溶化、黄油发白膨松。

4

加入太妃酱，搅拌均匀。

5

加入老酸奶，搅拌均匀。

6

分3次加入全蛋液，搅拌均匀。

7

加入牛奶，搅拌均匀。

8

筛入粉类（低筋面粉、泡打粉），搅拌均匀。

9

加入25g奶油奶酪，搅拌均匀。

10

面糊装入裱花袋，挤入纸杯模具中，约8分满。剩余的奶油奶酪切丁，放在面糊表面。

11 放入预热好的烤箱，180℃中层、上下火，烘烤25分钟即成。

TIPS

1. 奶油奶酪可以不放，做出来就是焦糖麦芬。

2. 无盐黄油加入细砂糖，需要完全打发，蛋糕口感才松软。

3. 全蛋液需要分3次加入，每加一次都要搅拌均匀，再加下一次，以防油水分离。

百香果和芒果都是夏日时令水果，百香果
酸酸甜甜，芒果更是香味浓郁，两者结合
起来做成慕斯蛋糕，浓香嫩滑，仿佛将你
带到热带雨林的童话世界！

百香果芒果慕斯

（8寸）

材料 慕斯蛋糕

饼干碎	100g
无盐黄油	35g
芒果	150g
百香果	50g
奶油奶酪	50g
吉利丁片	5g
淡奶油	120ml
细砂糖	45g

材料 百香果果冻

百香果汁	50ml
细砂糖	20g
吉利丁片	2g

装饰

淡奶油	130ml
细砂糖	10g
香草荚	1/4条

步骤 制作慕斯蛋糕

1
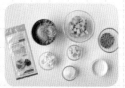
准备慕斯材料。

2

无盐黄油隔水化开。

3

倒入饼干碎里，搅拌均匀。

4

慕斯圈包保鲜膜或者锡纸，倒入饼干碎，用勺子压平。

5

吉利丁片放入冰水中泡软，隔热水化成液体。

6

芒果、百香果、奶油奶酪、细砂糖一起放入搅拌机，搅拌均匀。

7

过筛。

8

加入吉利丁液，搅拌均匀。

9

淡奶油打至7分发，倒入百香果芒果糊，搅拌均匀。

10

一半倒入模具里，冷冻30分钟。

● 制作百香果果冻

11

准备制作百香果果冻的材料。

12

吉利丁片放入冰水中泡软，隔水化开，加入百香果果汁，搅拌均匀。

13

加入细砂糖，隔热水搅拌均匀，放凉。

14

倒入冷冻好的慕斯里，再冷冻15分钟。

15

取出，倒入剩下的慕斯糊，冷冻30分钟。

● 制作表面装饰

16

装饰用的淡奶油加香草籽、细砂糖，打至8分发。

17

倒入慕斯模具，抹平，用装饰刮板刮出花纹，冷藏一晚。

18

取出，用火枪喷一圈，脱模即成。

TIPS

1. 如果没有吉利丁片，可换成同等分量的鱼胶粉，加适量的水泡开使用。

2. 制作这款蛋糕，每一层都需要冷冻凝固后再倒入下一层。

蜂蜜慕斯

（3杯）

这是一款超级简单的甜点：加入蜂蜜打发的淡奶油风味独特，成品搭配新鲜水果和小装饰，就是一款美味和颜值爆表的人气甜点啦！

步骤

材料

淡奶油 ——— 100ml

酸奶 ——— 120g

蜂蜜 ——— 30ml

香蕉 ——— 1根

燕麦 ——— 50g

1. 准备材料。

2. 淡奶油用电动打蛋器打至7分发。

3. 加入蜂蜜，搅拌均匀。

4. 加入酸奶，搅拌均匀。

5. 杯里加入燕麦。

6. 香蕉切片，放入杯里。

7. 倒入蜂蜜慕斯糊，约9分满。

8. 冷藏一晚后，表面放上水果装饰即可食用。

TIPS

1. 这款慕斯没有使用吉利丁片作为凝固剂，所有材料适合装在杯里。如果需要做蛋糕模，可添加3g吉利丁片。

2. 做这款甜品选用的酸奶宜稠不宜稀。

3. 燕麦可换成饼干碎，口感大不同。

4. 这款甜品制作完成后也可冷冻3小时再食用，具有冰淇淋的口感。

覆盆子草莓慕斯

（5寸）

这款甜点，制作简单，外表惊艳。朋友来家聚会时，就选用这款美味又时尚的甜点来展示你"高超"的厨艺吧！

材料

草莓 −6颗（约150g）
覆盆子 ———————— 50g
酸奶 ———————— 80g
淡奶油 ———————— 120ml
细砂糖 ———————— 40g

TIPS

1. 这款慕斯没有使用吉利丁片作为凝固剂，所以材料需要装在杯里。如果需要做蛋糕模，可添加5g吉利丁片。

2. 做这款甜点宜选用浓稠的酸奶，不宜选用稀的酸奶。

3. 甜品制作完成后，冷冻3小时，再淋上打发至6分发的淡奶油，会拥有冰淇淋般的口感。

步骤

1 准备材料。

2 草莓、覆盆子、酸奶、细砂糖倒入搅拌机里，搅拌均匀。

3 淡奶油打至7分发，加入覆盆子草莓糊，用刮刀翻拌均匀。

4 一半慕斯糊倒入杯里，加草莓粒，再倒入剩余的慕斯糊。

5 冷藏一晚即可食用。

这款甜品是慕斯蛋糕中的经典款，精致的造型，滑嫩的口感，让人百吃不厌！

酸奶蓝莓慕斯

※

（6个）

材料

酸奶	100g
细砂糖	30g
吉利丁片	5g
淡奶油	220ml
蓝莓酱	60g

步骤

1 准备材料。

2 吉利丁片放入冰水中泡软，隔水化开。

3 加入酸奶，搅拌均匀。

4 淡奶油加细砂糖，打至6分发。

5

酸奶液加入打发好的淡奶油，
搅拌均匀。

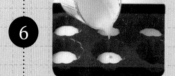

6

1/3倒入酸奶慕斯模具里，冷冻
20分钟。

8

取出冷冻好的酸奶慕
斯，倒入蓝莓慕斯
糊，冷冻一晚成型。

7

剩余的酸奶慕斯加入蓝莓酱，
搅拌均匀。

9

脱模冷藏保存。

TIPS

1. 吉利丁片需要用冰水泡软后沥干使用，化开吉利丁片的温
   度不宜过高，40℃~45℃即可。

2. 酸奶宜选用浓稠的，不宜选用稀的。

3. 制作慕斯蛋糕的淡奶油打至6~7分发即可，不宜过硬或过
   软，过硬会影响口感，过软会影响成型。

荔枝慕斯塔

（6个）

这是一款可瞬间融化你的心的精致甜点，宛若仙子下凡，肤如凝脂，吹弹可破。轻咬一口，爽滑甜润，让你瞬间清凉。独特美丽的造型，让它成为一款从视觉到味觉都极具征服力的甜点！

材料） 樱桃酱

樱桃肉 ——————— 120g
细砂糖 ——————— 18g
樱桃酒 ——————— 3ml

材料） 荔枝慕斯

荔枝肉 ——————— 150g
细砂糖 ——————— 18g
淡奶油 ——————— 100ml
荔枝酒 ——————— 5ml
7cm塔壳 ——————— 6个
（P103页有塔壳的做法）

装饰

镜面果胶 ——————— 200g
温水 ——————— 30ml
椰蓉 ——————— 适量

TIPS

1. 煮好的樱桃酱放凉后加入樱桃酒，没有樱桃酒可以用朗姆酒代替，但樱桃风味没有那么浓郁。

2. 加入荔枝蓉的温度不宜过高，35℃~40℃即可。

3. 制作慕斯蛋糕的淡奶油打至6~7分发即可，不宜过硬或过软，过硬会影响口感，过软会影响凝固。

步骤） 制作樱桃酱

1

准备樱桃酱材料。

2

樱桃肉加入细砂糖，小火加热，煮至浓稠、樱桃肉变软，放凉。

3

加入樱桃酒，搅拌均匀，备用。

步骤） 制作荔枝慕斯

4

准备荔枝慕斯材料。

5

吉利丁片放入冰水中泡软，沥干备用。

6
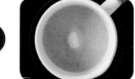
荔枝肉榨汁，加入细砂糖，小火加热至细砂糖溶化，温度约40℃。

● 做表面装饰

TIPS

4. 装入慕斯的硅胶模具需要冷冻4~6小时以上再脱模，冷冻得不够硬，脱模不漂亮。也可以用小慕斯圈代替。

5. 镜面果胶加温水搅匀，温度必须保持在30℃~35℃，如果温度过低，淋面会很厚。

6. 淋面的慕斯必须要冷冻，如果放入冷藏，淋面时会化开。

7. 加入泡软的吉利丁片，搅拌均匀。

8. 加入荔枝酒，搅拌均匀。

9. 淡奶油打至7分发。

10. 荔枝蓉过筛，倒入打发好的淡奶油里，搅拌均匀。

11. 倒入模具里，至一半高度即可。

12. 放入冰箱冷冻一晚。

13. 脱模放在烤网上。

14. 毛笔蘸点红色色素，画在慕斯表面。

15. 镜面果胶加温水搅拌均匀，保持约30℃，淋在慕斯上。

16. 取烤熟的塔壳，填满樱桃酱。

17. 放上慕斯，塔壳边上蘸一圈椰蓉装饰，冷藏保存。

双色
巧克力慕斯

（4杯）

这是一款经典的巧克力慕斯，白巧克力和黑巧克力完美分层，白巧克力的奶香和黑巧克力的微苦相互融合，口感极佳，巧克力控不容错过哦！

（材料）**黑巧克力慕斯**

黑巧克力 ——— 80g

牛奶 ——— 20ml

淡奶油 ——— 100ml

细砂糖 ——— 15g

黑朗姆酒 ——— 3ml

（材料）**白巧克力慕斯**

白巧克力 ——— 80g

牛奶 ——— 20ml

淡奶油 ——— 100ml

细砂糖 ——— 10g

白朗姆酒 ——— 3ml

（步骤）**制作黑巧克力慕斯**

1

准备黑巧克力慕斯材料。

2

黑巧克力隔水加热化开。

3

加入牛奶，搅拌均匀。

4

淡奶油加细砂糖，打至6分发。

5

加入黑巧克力酱，搅拌均匀。

● 制作白巧克力慕斯

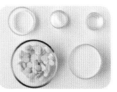

准备白巧克力慕斯材料。

白巧克力隔水加热化开，
加入牛奶，搅拌均匀。

6

加入黑朗姆酒，搅拌均匀。

7

挤入模具，放入冰箱快速
冷冻30分钟。

淡奶油加细砂糖，打至6分发。
与白巧克力酱搅拌均匀。

TIPS

1. 这款慕斯，巧克力既是主
   要原料又是凝固剂，口感
   丝滑。

2. 化开巧克力的水温不宜过
   高，控制在45℃左右。

3. 淡奶油打至6分发即可，打
   过了影响口感。

加入白朗姆酒，搅拌均匀，装入
裱花袋。

取出冷冻好的黑巧克力慕斯，挤入
白巧克力慕斯，冷藏一晚即可。

夏日风情慕斯是以菠萝果冻和椰子慕斯配合杏仁蛋糕做成的，这样的混搭，让人仿佛置身热带海滩，尽情享受日光浴的惬意！

夏日风情慕斯

（6杯）

材料 海绵蛋糕

鸡蛋	1个
细砂糖	25g
低筋面粉	20g
杏仁粉	10g

材料 椰子慕斯

椰浆	150ml
淡奶油	120ml
细砂糖	35g
吉利丁片	5g

材料 菠萝果冻

菠萝丁	280g
细砂糖	30g
吉利丁片	3g

步骤 制作海绵蛋糕

1 准备海绵蛋糕材料。

2 蛋黄和蛋白分离。蛋白加细砂糖打发。

3 加入蛋黄，用打蛋器打2圈。

4 加入杏仁粉，用刮刀翻拌均匀。

5

筛入低筋面粉，用刮刀翻拌均匀。

6

装入带有圆形花嘴的裱花袋里，挤在铺上纤维垫或者油纸的烤盘里，每个直径约4cm。

7

放入预热好的烤箱里，175℃中层、上下火，烘烤12分钟。

8

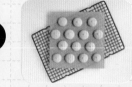

出炉后，放晾网晾凉备用。

● **制作椰子慕斯**

9

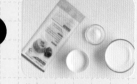

准备椰子慕斯材料。

10

吉利丁片放入冰水中泡软，沥干备用。

11

椰浆加细砂糖，小火加热至细砂糖溶化，关火后加入泡好的吉利丁片，搅拌化开。

12

淡奶油打至7分发，加入椰浆液，搅拌均匀。

13

慕斯杯里放入一块蛋糕，椰子慕斯倒至约1/3处，快速冷冻30分钟。

● 制作菠萝果冻

14 准备菠萝果冻材料。

15 菠萝丁放进奶锅里，加入细砂糖，小火煮2分钟，至菠萝丁变软即可。

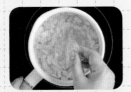

16 待菠萝丁温度降至35℃~ 40℃，加入泡好的吉利丁片，搅拌均匀。

17 留下1/4煮好的菠萝丁，剩余的榨汁过筛。

18 取出冷冻好的椰子慕斯，每杯放几颗煮好的菠萝丁，倒入约1cm的菠萝果冻分层，快速冷冻20分钟。

19 取出，倒入剩余的椰子慕斯，快速冷冻30分钟或者冷藏一晚。

20 放上菠萝丁装饰，即可食用。

TIPS

1. 这款甜点的蛋糕体是分蛋海绵蛋糕，操作相对简单。

2. 混合面粉时，要轻轻翻拌，以免消泡。

3. 蛋糕体的大小要根据模具的尺寸来确定。

4. 蛋糕烘烤到表面金黄色即可，最后几分钟需要多观察，以免烤煳。

5. 每倒一层慕斯糊，都需要冷冻至完全凝固，再倒入下一层。

香蕉巧克力
慕斯

（5寸）

这是一款制作简单的甜点，巧克力
慕斯夹杂着香蕉切片，给你带来不
一样的幼滑味觉体验！

材料

黑巧克力	————	120g
淡奶油	————	150ml
牛奶	————	80ml
细砂糖	————	10g

装饰

| 香蕉 | ———— | 1根 |

步骤

1

准备材料。

2

淡奶油打至7分发。

3

黑巧克力加入牛奶，隔温水化开，搅拌均匀。

4

牛奶巧克力加入打发好的淡奶油里，搅拌均匀，成慕斯糊。

5

香蕉切片，备用。

6

一半慕斯糊倒入杯里，放上香蕉片。

7

再倒入剩余的慕斯糊，冷藏保存。

TIPS

制作巧克力慕斯，温度比较重要。牛奶与巧克力混合以后，要保持35℃。如果温度过低，二者与淡奶油搅拌时，会凝固产生颗粒；如果温度过高，与淡奶油搅拌时，淡奶油会消泡，失去轻盈的口感。

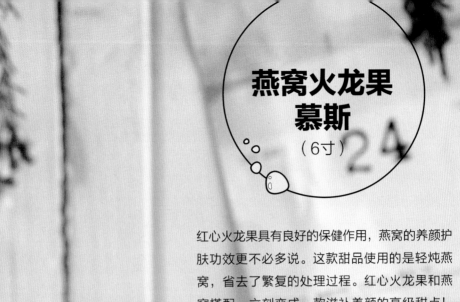

燕窝火龙果慕斯

（6寸）

红心火龙果具有良好的保健作用，燕窝的养颜护肤功效更不必多说。这款甜品使用的是轻炖燕窝，省去了繁复的处理过程。红心火龙果和燕窝搭配，立刻变成一款滋补养颜的高级甜点！只要花些小心思，你的甜品不仅可以满足口腹之欲，还可兼具养生功效，一举两得。

红心火龙果肉 —— 200g

细砂糖 ———— 20g

淡奶油 ———— 180ml

吉利丁片 ———— 7g

轻炖燕窝 ———— 9g

材料 酸奶果冻

酸奶 ———— 100g

吉利丁片 ———— 2g

TIPS

1. 配方中选用的是轻炖燕窝,省去处理燕窝的过程,只需要隔水炖20~25分钟即可食用。

2. 燕窝中的主要营养成分是蛋白质,营养价值较高。

3. 这款慕斯使用6寸圆形蛋糕模,模底可以放一片蛋糕片或者铺饼干底。

步骤 制作火龙果慕斯

1

准备火龙果慕丝材料。

2

燕窝隔水炖20分钟,过筛备用。

3

用冰水泡软吉利丁片,沥干,隔水化开。

4

淡奶油打至7分发。

5

火龙果肉加入细砂糖,用搅拌机榨汁。

⑥ 倒进打发好的淡奶油里，搅拌
均匀。

⑦ 倒入吉利丁液体，搅拌均匀。

⑧ 加入一半炖好的燕窝，搅拌
均匀。

⑨ 倒入面糊分料器里。

⑩ 一半慕斯糊倒入模具，快速冷
冻30分钟。

● **制作酸奶果冻**

⑪ 用冰水泡软吉利丁片，
沥干，隔水化开。加入
酸奶，搅拌均匀。

⑫ 倒在冷冻好的慕斯上，
冷冻20分钟。

⑬ 取出，再倒入剩余的慕
斯糊，冷藏保存。

TIPS

面糊分料器：
　　在烘焙的过程中，我们经
常需要将做好的面糊倒入小
小的蛋糕模内，这个时候，一
个合适的蛋糕分料器就派上
用场了，它可以帮我们合理控
制面糊的用量，不会把面糊洒
得到处都是，让做出来的小蛋
糕大小统一，更加美观。

芒果慕斯

（6个）

这款甜点是芒果控的挚爱，无与
伦比的芒果慕斯加芒果镜面，双
重口感，更多惊喜！

材料 慕斯

芒果泥 ——————— 180g
细砂糖 ——————— 36g
吉利丁片 —————— 7g
淡奶油 ——————— 200ml

材料 淋面

芒果汁 ——————— 200ml
细砂糖 ——————— 20g
吉利丁片 —————— 5g

步骤 制作芒果慕斯

1 准备慕斯材料。

2 用冰水泡软吉利丁片，沥干备用。

3 淡奶油打至7分发，冷藏备用。

4 芒果泥加细砂糖，加热至细砂糖溶化，约40℃，即可关火。

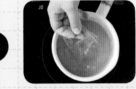

5 加入泡软的吉利丁片，搅拌均匀。

6 加入打发好的淡奶油，搅拌均匀。

7 装入裱花袋，挤入模具里，放入冰箱冷冻一晚。

● 制作芒果淋面

加入泡好的吉利丁片，
搅拌均匀。

8

准备淋面材料。

9

用冰水泡软吉利丁片，沥干
备用。

10

芒果汁加细砂糖，加热至细砂
糖溶化，约40℃，即可关火。

11

12

过筛备用。

13

慕斯取出脱模，放在
晾网上。

14

淋上芒果淋面装饰，
冷藏保存。

TIPS

1. 这是一款简单的水果慕斯蛋糕，可以把配方里的芒果泥换成其他水果泥，细砂糖要根据水果的甜度调整用量。

2. 淋面配方里的芒果汁是把新鲜芒果打成果泥过筛后过滤出来的纯芒果汁哦，口感纯正。

3. 制作慕斯蛋糕的淡奶油打至6~7分发即可，不宜过硬或过软，过硬会影响口感，过软会影响凝固。

4. 芒果慕斯放入硅胶模具后需要冷冻4~6小时再脱模，冷冻不够硬，则脱模不漂亮。

5. 淋面的液体需要保持在30℃左右，然后再淋在冷冻好的慕斯上。如果慕斯不冷冻只冷藏，则淋上淋面后，淋面会化掉。

坚果意式脆饼

（约18块）

意式脆饼，即"Biscotti"，是一款深受意大利人欢迎的饼干。在意大利语中，"Biscotti"是两次烘焙的意思，意式脆饼是经过两次烘烤而成的。意式脆饼最大的特点就是香、脆、硬，利于储存，搭配咖啡、茶饮就是一款很棒的下午茶小点。意式脆饼是意大利人休闲度假必备的小点心。

材料

低筋面粉 ——————— 100g

可可粉 ——————— 15g

无盐黄油 ——————— 30g

全蛋液 ——————— 35ml

牛奶 ——————— 20ml

细砂糖 ——————— 40g

核桃仁 ——————— 20g

夏威夷果仁 ——————— 20g

泡打粉 ——————— 2.5g

小苏打 ——————— 0.5g

1

准备材料。

2

无盐黄油室温软化，和细砂糖一起放入碗里，用电动打蛋器搅打均匀。

3

牛奶与全蛋液搅拌均匀。

4

倒入黄油里，用打蛋器打匀成糊状。

5

低筋面粉、可可粉、泡打粉、小苏打混合，筛入黄油糊里。

6

用刮刀翻拌均匀，成为面糊。

7

加入果仁碎，搅拌均匀。

8

将面糊直接放在铺了硅胶垫的烤盘里，用手整形成长条状。

9

放入预热好的烤箱里，165℃中层、上下火，烘烤23分钟，直到饼干面团完全膨胀，表面按上去有点硬。

10

取出冷却，用刀切成1.2cm厚的片。

11

切面朝上，将饼干片摆在烤盘上。

12

放入预热好的130℃的烤箱，烘烤18分钟，直到饼干变脆，出炉冷却即可食用。

TIPS

1. 第一次烘烤定型时，表面不要烤太硬，以免切片时碎掉。面团烤的时候有少许开裂是正常现象。

2. 配方里的果仁可以换成自己喜欢的其他坚果。

百香果酱饼干

（约12组）

沙布列是一种传统的法式酥饼，以含油量大、口感酥松为特点。我在配方里添加了百香果巧克力酱夹馅，为这款传统点心增添了些许时尚和灵动的口感！

步骤　制作可可沙布列

1

准备可可沙布列材料。

2

低筋面粉、可可粉、糖粉在硅胶垫上混合过筛。

3

加入海盐、杏仁粉、无盐黄油。

4

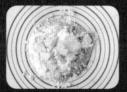

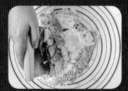

用不锈钢刮板切压至呈松散的沙砾状。

材料　可可沙布列

无盐黄油	120g
低筋面粉	227g
可可粉	13g
糖粉	70g
海盐	1g
杏仁粉	34g
全蛋液	50ml

材料　百香果巧克力酱

牛奶巧克力	110g
百香果汁	55ml
无盐黄油	20g

5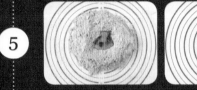

加入全蛋液，用掌心揉成团。

6

面团放在保鲜袋或者保鲜膜中，擀成4mm
厚的面片，放入冰箱冷藏1小时。

7

取出面片，用5cm的圆形饼干模切出小圆饼。

8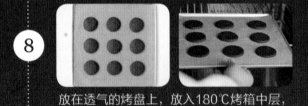

放在透气的烤盘上，放入180℃烤箱中层，
烘烤15分钟。

● 制作百香果巧克力酱

9 准备百香果巧克力酱
材料。

10 百香果果汁过筛，备用。

11 牛奶巧克力隔水化开。

12 倒入百香果汁里，搅
拌均匀。

13 加入无盐黄油，搅拌
均匀。

14 装入裱花袋，静置1小时左右。取一块
烤好的饼干，挤上巧克力酱，再盖上另
一块饼干即成。

(TIPS)

1. 制作这款饼干时，无盐黄油不需要打发，
   切拌至呈松散的沙砾状即可。

2. 饼干面团不宜搅拌过度，加入全蛋液拌匀
   即可。

3. 化开巧克力的水温不宜过高，控制在45℃
   左右即可。

4. 百香果巧克力酱需要在20℃室温的环境
   中静置1小时后使用。

法式焦糖
杏仁酥饼

———— ☀ ————

（8寸）

这款小饼干用香酥的饼底搭配焦香酥脆的焦糖杏仁片，再加一杯香浓的咖啡，与三五好友一起度过一个愉快的下午茶时光吧。

材料 酥饼

无盐黄油 ——— 63g

糖粉 ——— 35g

蛋黄 ——— 1个

低筋面粉 ——— 125g

材料 焦糖杏仁

淡奶油 ——— 25ml

细砂糖 ——— 35g

玉米糖浆 ——— 12ml

蜂蜜 ——— 12ml

无盐黄油 ——— 25g

杏仁片 ——— 60g

步骤 制作酥饼

1

准备酥饼材料。

2

无盐黄油室温软化，加入糖粉打发。

3

加入蛋黄，打至体积变大膨胀。

4

筛入低筋面粉，用刮刀翻拌均匀。

5

装入保鲜袋，放入冰箱，冷藏1小时。

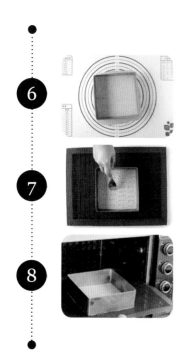

● 制作焦糖杏仁

6. 将冷藏好的面团取出，擀成正方形，套上8寸慕斯圈切成片。

7. 移到透气的硅胶垫上，用叉子戳上小洞。

8. 放入预热好的烤箱，180℃中层，烘烤18分钟，将酥饼烤至半熟。

9. 准备焦糖杏仁材料。

10. 将淡奶油、细砂糖、玉米糖浆、蜂蜜、无盐黄油放入奶锅中，小火加热。

11. 边煮边搅拌，煮至约115℃后关火，倒入杏仁片，搅拌均匀。

12. 烤好的酥饼移到铺上油纸的烤盘里，趁热倒入杏仁片，抹平。

13. 放入预热好的烤箱，180℃中层，烘烤15分钟，烤至表面金黄色即可。取出，倒扣在油纸上，趁温热时切小块，放在晾网上冷却，密封保存。

TIPS

1. 酥饼第一次烘烤时，烤至半熟状态即可，不宜烤熟。

2. 熬煮焦糖杏仁的温度不宜过高。

3. 奶锅中倒入杏仁片后，搅拌几下即可，不宜搅拌过度，以免杏仁碎开。

4. 酥饼出炉后要趁温热时切开，完全冷却后再切容易碎。

覆盆子千层饼

❀

（6寸）

这款千层饼中夹入了自制覆盆子果酱，是款口味独特的夹馅。果酱甜度可以随性控制，还可以添加你喜爱的水果。让我们一起来制作这款个性十足的覆盆子千层饼吧！

（材料） 覆盆子奶油

覆盆子 ——————— 100g
柠檬 ——————— 半个
淡奶油 ——————— 350ml
细砂糖 ——————— 90g

（材料） 干层饼

低筋面粉 ——————— 100g
细砂糖 ——————— 35g
鸡蛋 ——————— 2个
牛奶 ——————— 200ml
无盐黄油 ——————— 50g

（步骤） 制作覆盆子果酱

1 准备覆盆子奶油材料。

2 柠檬榨汁。覆盆子加入细砂糖、柠檬汁，小火加热。

3 煮至浓稠时关火，放凉备用。

（步骤） 制作干层饼

4 低筋面粉过筛，加入细砂糖、鸡蛋，用电动打蛋器搅拌均匀。

5 慢慢加入牛奶，继续用电动打蛋器搅拌均匀。

6

无盐黄油化开，加入面糊里，搅拌均匀。

7

舀一勺面糊，倒入不粘平底锅里，转动锅子将面糊铺开，小火加热。

8

煎至中间冒泡，颜色变深，用刮刀翻面。

9

大约可以煎15片6寸的饼皮。

● **制作覆盆子千层饼**

10

淡奶油打至6分发，加入50g覆盆子酱，搅拌均匀。

11

取一片饼皮，放一勺覆盆子奶油，用小抹刀抹平。

12

铺上一片饼皮，继续重复抹奶油，叠饼皮。

13 千层饼做好后，冷藏4小时即可食用。

TIPS

1. 熬煮果酱时，火不宜过大，用中小火慢慢煮。

2. 煮好的果酱密封冷藏，保质期可达7天。

3. 中间夹层还可以放一些新鲜水果丁，口感更好。

麻薯是一种由糯米粉或其他淀粉类制成的有弹性和黏性的食品，源自日本。这款传统经典的麻薯，选用麻薯预拌粉制作，工序上简单了许多，成品绵密细致，入口香糯清甜，让你吃了还想吃！

麻薯

（约20个）

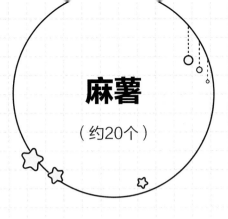

材料

麻薯预拌粉	200g
全蛋液	68ml
牛奶	68ml
盐	1.5g
无盐黄油	40g
黑芝麻	3g

TIPS

1. 全蛋液和牛奶若加热温度过高，会导致牛奶中产生颗粒，影响口感。温度控制在35℃～40℃即可。

2. 烤麻薯时，用烤箱中层、上下火，180℃烘烤20分钟，再转160℃烘烤15分钟，呈金黄色即可。

步骤

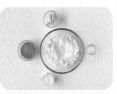

1 准备材料。

2 全蛋液和牛奶混合，加热至40℃。

3 趁温热时倒入麻薯预拌粉里，用筷子搅匀。

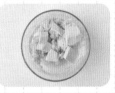

4 加入盐和无盐黄油，搅拌成团。

5 取一半面团加入3g黑芝麻，搅拌均匀。

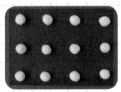

6 将两种面团分成18g一个的剂子，滚圆，放在透气的硅胶垫上，放入预热好的烤箱烘烤即成。

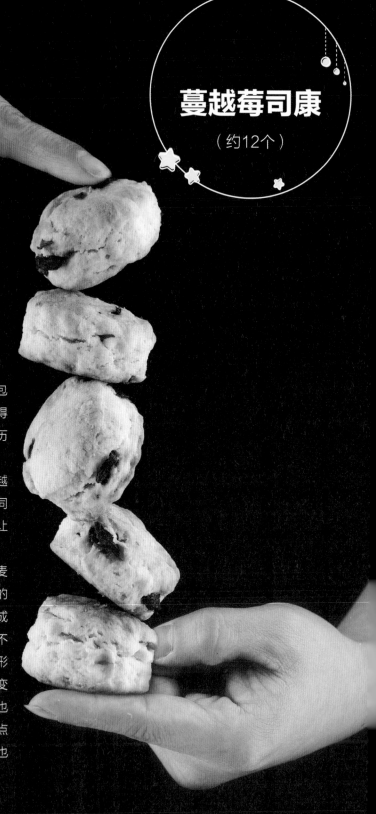

蔓越莓司康

（约12个）

司康饼(Scone)，是英式快速面包
(Quick Bread)的一种，相传它得
名于苏格兰皇室加冕之地的一块历
史悠久的司康之石。

这款司康搭配浸泡过朗姆酒的蔓越
莓干，吃起来不但酥化感十足，同
时伴有蔓越莓的酸甜口感，绝对让
你的胃口大开！

传统的司康一般呈三角形，以燕麦
为主要材料，将面团放在煎饼用的
浅锅中烘烤而成。而如今，面粉成
了主要材料，形状也不再是一成不
变的三角形，可以做成圆形、方形
或是菱形等各种形状，烘烤工具变
成了烤箱。司康可以做成甜的，也
可以做成咸的，除了当下午茶点
心，抹上果酱、奶酪等作为早餐也
是不错的。

材料

无盐黄油	——	55g
泡打粉	——	5g
盐	——	1g
细砂糖	——	30g
低筋面粉	——	200g
牛奶	——	90ml
蔓越莓干	——	35g
朗姆酒	——	10ml

步骤

1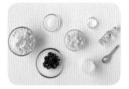

准备材料。

2

蔓越莓干用朗姆酒浸泡，备用。

3

泡打粉和低筋面粉混合过筛。

4

加入无盐黄油，用不锈钢刮板切压。

5

加入盐和细砂糖，切压成松散的砂粒状。

6

倒入牛奶，揉均匀。

7

加入浸泡好的蔓越莓干，揉搓均匀，放入冰箱冷藏1小时。

8

硅胶垫上撒少许干粉，面团放到硅胶垫上，擀成1厘米厚的面片。

9

对折，换方向，再擀成1cm厚的面片。

10

重复步骤8、9，最后擀成2cm厚的面片，用模具切割。

11

放入烤箱，190℃烘烤18分钟，表面呈金黄色即可。

TIPS

1. 将材料揉成面团时，揉光滑即可，不宜过度揉捏，以免面筋过多，影响口感。

2. 如果没有圆形的切模，可以用刀切成大小合适的三角形。

3. 蔓越莓干也可以用其他果干代替，去掉配方里的蔓越莓干，就是原味司康。

雪花酥

（约20块）

雪花酥是一款劲爆的网红点心。雪花酥口感松脆，各种果仁经过搭配烘烤，香脆宜人，表面再撒上奶香十足的奶粉，口感香甜，是一款人见人爱、老少皆宜的小零食！

1 准备材料。

材料

棉花糖	160g
无盐黄油	45g
奶粉	45g
蔓越莓干	60g
杏仁	25g
夏威夷果	25g
南瓜子仁	25g
饼干	160g

2 果仁放入烤箱中层，150℃、上下火，烘烤10分钟，备用。

3 不粘锅放入无盐黄油，小火加热，用刮刀搅拌化开。

4 加入棉花糖，搅拌至完全化开，关火。

5 倒入奶粉，搅拌均匀。

6

再倒入烤好的果仁和蔓越莓干，
搅拌均匀。

7

倒入饼干，搅拌均匀。

8

倒入雪花酥模具里，压平。

9

放凉后脱模取出。

10

表面撒上奶粉。

11

切小块，密封保存。

TIPS

1. 果仁可以选用自己喜欢的，烤至有香味即可。

2. 熬棉花糖时，小火加入，需要不断搅拌，以免煳底。

3. 每加一款食材，都需要搅拌均匀。

4. 雪花酥需要密封保存，保质期约为1个月。

抹茶乳酪塔

（12个）

抹茶起源于中国的隋唐，拥有悠久的历史。清香的抹茶粉充分融入甜点中，让你在享受美味的同时，也能补益身体。

材料 甜酥底

无盐黄油	100g
糖粉	60g
盐	0.5g
香草荚	1/4条
杏仁粉	20g
全蛋液	40ml
低筋面粉	167g

材料 乳酪馅

无盐黄油	20g
鸡蛋	1个
玉米淀粉	3g
细砂糖	20g
奶油奶酪	70g

材料 抹茶奶油

淡奶油	150ml
细砂糖	15g
抹茶粉	5g

1 准备甜酥底材料。

2 无盐黄油室温软化，加入糖粉、盐，用电动打蛋器搅拌均匀。

3 加入全蛋液，搅拌均匀。

4 香草荚剖开，刮出籽加入，搅拌均匀。

5 筛入低筋面粉，加入杏仁粉，用刮刀翻拌均匀。

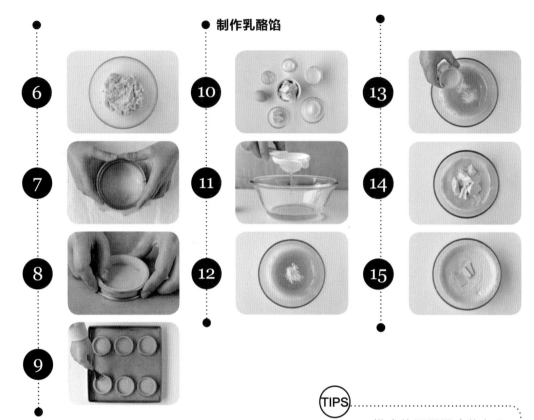

● 制作乳酪馅

6 **7** **8** **9** **10** **11** **12** **13** **14** **15**

6. 面团裹上保鲜膜，冷藏1小时。

7. 取出面团，撒点面粉，擀成0.3厘米厚的面片，压成直径约9.5cm的圆形面饼。

8. 烤盘垫纤维垫，将面饼放入塔圈里整形。

9. 用叉子戳上小洞。放入预热好的烤箱里，175℃中层、上下火，烘烤10分钟，至半熟。

10. 准备乳酪馅材料。

11. 分离出蛋白和蛋黄，蛋白放冷冻备用。

12. 蛋黄加入玉米淀粉，搅拌均匀。

13. 加入牛奶，搅拌均匀。

14. 隔水加热至浓稠，加入奶油奶酪，搅拌均匀。

15. 加入无盐黄油，搅拌均匀。

TIPS

1. 塔底的面团混合均匀即可，不宜过度搅拌，并需要冷藏1小时以上，松弛后再使用。剩下的面团冷藏后可以保存5天。

2. 第一次烘烤的塔底烤至半熟即可。

3. 奶酪馅可以填满塔模，制作奶酪塔。

4. 抹茶奶油打至8分发即可，不宜打得过硬。

5. 如果没有透气硅胶垫，烘烤塔壳时需要用油纸压住塔饼，上面放重物，一起烘烤。

16

蛋白加入细砂糖，打至8分发。

17

取1/3蛋白霜与乳酪糊，用刮刀翻拌均匀。

18

倒回蛋白霜里，翻拌均匀。装入裱花袋，挤入半熟的塔底里，至9分满。

19

放入预热好的烤箱里，165℃中层、上下火，烘烤20分钟。出炉放凉。

● **制作抹茶奶油**

20

准备抹茶奶油材料。

21

淡奶油加入细砂糖、抹茶粉，用电动打蛋器打至8分发。

22

装入裱花袋，装上圆形裱花嘴，将抹茶奶油挤满乳酪塔表面。

23

筛上抹茶粉做装饰。

这款精致小巧的甜点，色彩鲜艳，很受年轻人的喜爱。在香酥的塔皮上挤上香缇奶油，再放上时令水果装饰，看上去超有食欲。

水果塔

（12个）

(材料) 甜酥底

无盐黄油	——	100g
糖粉	——	60g
盐	——	0.5g
香草荚	——	1/4个
杏仁粉	——	20g
全蛋液	——	40ml
低筋面粉	——	167g

(材料) 香缇奶油

淡奶油	——	100ml
香草荚	——	1/4个
细砂糖	——	8g
时令水果	——	适量

(步骤) 制作甜酥底

1 准备甜酥底材料。

2 无盐黄油室温软化，加入糖粉、盐，用电动打蛋器搅拌均匀。

3 加入全蛋液，搅拌均匀。

4 香草荚剖开，刮出香草籽加入，搅拌均匀。

5 筛入低筋面粉，加入杏仁粉，用刮刀翻拌均匀。

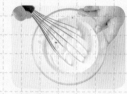

● **制作香缇奶油**

6

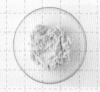

面团包保鲜膜，冷藏1小时。

10

淡奶油加入细砂糖、香草籽，用打蛋器打至9分发。

7

取出面团，撒点面粉，擀成0.3cm厚的面片，用模具切成直径9.5cm的圆形面片。

11

装入有圆形花嘴的裱花袋里，挤在烤好的塔底上，再装饰水果即成。

8

烤盘垫纤维垫，将面饼放入塔圈里整形。

TIPS

1. 塔底的面团混合均匀即可，不宜过度搅拌，面团揉好后需要冷藏1小时以上，松弛后再使用。剩下的面团可以冷藏保存5天。

2. 如果想让水果塔看起来更漂亮，可以在表面刷一层镜面果胶。

9

用叉子在面饼上戳上小洞，放入预热好的烤箱烘烤，175℃中层、上下火，烘烤20分钟。

3. 如果没有透气硅胶垫，烘烤塔壳时需要用油纸压住塔饼，上面放重物，一起烘烤。

THE COOL SUMMER

...eady in that cage. You built it yourself. And it's not bounded in the ...est by Tulip, Texas, or in the east by Somaliland. It's wherever you go. ...ause no matter where you run, you just end up running into yourself.

現代记的早餐 | Breakfast at Tiffany's (1961)

Part 3

透心凉·冰点

雪糕·冰淇淋

抹茶冰淇淋

冰凉的口感带着淡淡抹茶的幽香，这款冰淇淋制作简单，味道清新爽口，还可以撒上杏仁碎或其他坚果碎，啜上一口，夏日的燥热立刻被一扫而光。

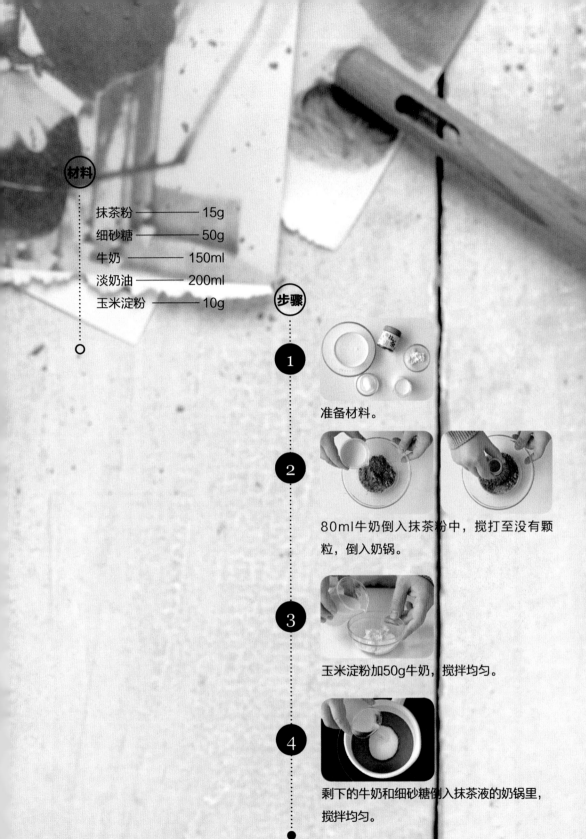

材料

抹茶粉 —————— 15g
细砂糖 —————— 50g
牛奶 ————— 150ml
淡奶油 ————— 200ml
玉米淀粉 ———— 10g

步骤

1

准备材料。

2

80ml牛奶倒入抹茶粉中，搅打至没有颗粒，倒入奶锅。

3

玉米淀粉加50g牛奶，搅拌均匀。

4

剩下的牛奶和细砂糖倒入抹茶液的奶锅里，搅拌均匀。

5

玉米淀粉液倒入奶锅里，中小火加热，边加热边搅拌，沸腾后关火，放凉备用。

6

淡奶油用电动打蛋器打至6分发。

7

打发好的淡奶油与放凉的抹茶糊搅拌均匀。

8

放入冰箱冷冻30分钟，取出用电动打蛋器打2分钟。倒入密封盒，冷冻保存。

TIPS

1. 煮抹茶奶酱时，温度不要过高，煮的时间也不要过长，以免影响口感。

2. 可以添加蜜红豆增加风味。

3. 玉米淀粉容易产生颗粒，需要先用牛奶搅拌溶化。

4. 淡奶油打至6分发即可，过度打发会导致冰淇淋过软。

西瓜冰淇淋

炎炎夏日，西瓜是最好的时令解暑水果，把西瓜制成冰淇淋，风味别具。一起来感受不一样的冰爽夏日吧！

1 准备材料。

2 西瓜取肉去子，用搅拌机榨汁，过筛备用。

材料

西瓜果肉 ———— 350g

玉米淀粉 ———— 15g

细砂糖 ———— 50g

奶粉 ———— 20g

淡奶油 ———— 200ml

3 玉米淀粉和细砂糖、奶粉混合，搅拌均匀。

4 西瓜汁倒入奶锅里，加入玉米淀粉混合液，搅拌均匀。

5

小火加热，搅拌至呈黏稠状关火，放凉。

6

淡奶油打至6分发。

7

放凉的西瓜糊倒入打发好的淡奶油中，搅拌
均匀，冷冻密封储存。

TIPS

1. 煮西瓜酱时，温度不要过高，煮的时间也不要过长，以免影响口感。

2. 奶粉可以换成牛奶，但煮的时间需要长一点。

3. 玉米淀粉容易有颗粒，需要先和细砂糖搅匀才能加入。

4. 淡奶油打至6分发即可，过度打发会导致冰淇淋过软。

西瓜冰棍

（4根）

充满童趣的西瓜造型冰棍，口味也是纯纯的西瓜味，真是有形、有趣还有味！

材料

西瓜 —————— 200g
椰浆 —————— 20ml
奇异果 ————— 1个

步骤

1

西瓜榨汁，倒入模具里，装8分满。冷冻2小时。

2

取出，插入木棍，倒入椰浆，约9分满，再冷冻1小时。

3
奇异果榨汁，倒满模具，冷冻一晚后即可享用。

TIPS

1. 这是一款纯水果的冰棍，可以换不同的水果制作。

2. 如果没有椰浆，可以换成牛奶或者酸奶。

3. 冰棍的每一层必须冷冻变硬，再倒入下一层的材料。

百香果被称为水果中的"Vc之王"，搭配芒果，制作出酸酸甜甜、果香味十足的冰淇淋棒，健康美味，老少皆宜。

百香果芒果冰淇淋棒

（3根）

材料

酸奶 ——————30g
淡奶油 ——————80ml
芒果泥 ——————80g
百香果 ——————半个
细砂糖 ——————20g

TIPS

1. 添加百香果是为了增加果香味，也可以换成30g芒果泥。

2. 酸奶尽量选用浓稠一些的。

3. 淡奶油打至6分发即可，过度打发会导致冰淇淋过软。

步骤

①

准备材料。

② 百香果挤汁，与芒果泥、酸奶搅拌均匀。

③

淡奶油加细砂糖，打至6分发，加入百香果芒果糊搅匀。

④

模具中插入木棍。百香果芒果奶油糊装入裱花袋中，挤入模具里。

⑤

冷冻一晚后脱模，即可享用。

脆皮冰淇淋棒

（2根）

脆皮冰淇淋棒大概是最具人气的一款冰棍吧！夹着花生仁的脆皮巧克力包裹着香草冰淇淋，一口咬下去，"咔嗞"一声，好吃得不禁咪上了眼睛，唤起多少童年的甜蜜回忆！

材料

蛋黄	——————	1个
细砂糖	——————	15g
牛奶	——————	50ml
香草荚	——————	1/2个
淡奶油	——————	80ml
黑巧克力	——————	150g
杏仁碎	——————	10g

TIPS

1. 煮香草蛋黄酱时，温度不要过高，煮的时间也不要过长，以免影响口感。

2. 香草荚可以提前在牛奶中泡一晚，香草味道会更加浓郁。

3. 杏仁碎要选用熟的，如果是生的，需要用烤箱150℃烘烤5~8分钟，出香味即可。杏仁碎也可换成花生碎或者其他果仁。

4. 做好的冰淇淋可以用容器密封装起来，冷冻保存，想吃的时候用勺挖成球，和外面卖的味道一模一样哦！

准备材料。

蛋黄加细砂糖，用手动打蛋器搅拌至发白、细砂糖溶化。

牛奶倒入奶锅，香草荚切开，取香草籽放入奶锅，小火加热至边上冒泡。关火，盖上保鲜膜，闷10分钟。

4

煮好的香草牛奶倒入蛋黄液中，搅拌均匀。

5

倒回奶锅，小火加热至呈黏稠状，用刮刀不停搅拌，至手指抹一下刮刀，能留下一道清晰痕迹时即可关火，过筛冷却备用。

6

淡奶油打至6分发，加入香草蛋黄酱里，搅拌均匀。

7

模具中插入木棍。香草蛋黄奶油装入裱花袋中，挤入模具。

8

冷冻一晚后脱模。

9

黑巧克力隔水化开，撒上杏仁碎，搅匀制成巧克力酱。

10

雪糕脱模后蘸巧克力酱，凝固后即成巧克力脆皮香草雪糕。

红豆冰淇淋棒

（2根）

红豆冰棍、绿豆冰棍是时代感很强的产品。想当年，每逢夏日蝉鸣，在树荫下，总有一群小孩流着口水围着卖冰棍的大叔转。多想回到儿时，手握一根老冰棒，与小伙伴们坐在树下享受那冰凉一刻啊！

材料

蛋黄 ——————— 1个

牛奶 ——————— 40ml

红豆沙 ————— 55g

蜜红豆 ————— 15g

淡奶油 ————— 60ml

1

准备材料。

2

蛋黄用手动打蛋器搅拌至发白。

3

牛奶倒入奶锅，小火加热至边上冒泡，关火。

4

牛奶一边倒入蛋黄液中，一边快速搅拌。

5

牛奶蛋黄液倒回奶锅，小火加热至黏稠状，用刮刀不停搅拌，至用手指抹一下刮刀，能留下一道清晰痕迹时即可关火。

9

模具中插入木棍。红豆奶油
装入裱花袋中，挤入模具。

10

冷冻一晚后脱模，即可享用。

6

加入红豆沙，搅拌均匀。

7

加入蜜红豆，搅拌均匀。

8

淡奶油打至6分发，加入豆沙奶液搅拌均匀。

TIPS

1. 配方里使用的是成品蜜红豆，如果要自己煮红豆，可适量添加糖。

2. 蛋黄中加入热牛奶时，需要不断搅拌，搅拌不够容易出现颗粒，变
成蛋花汤。

3. 煮蛋奶酱时，温度不要过高，煮的时间不要过长，以免影响口感。

4. 淡奶油打至6分发即可，过度打发会导致冰淇淋过软。

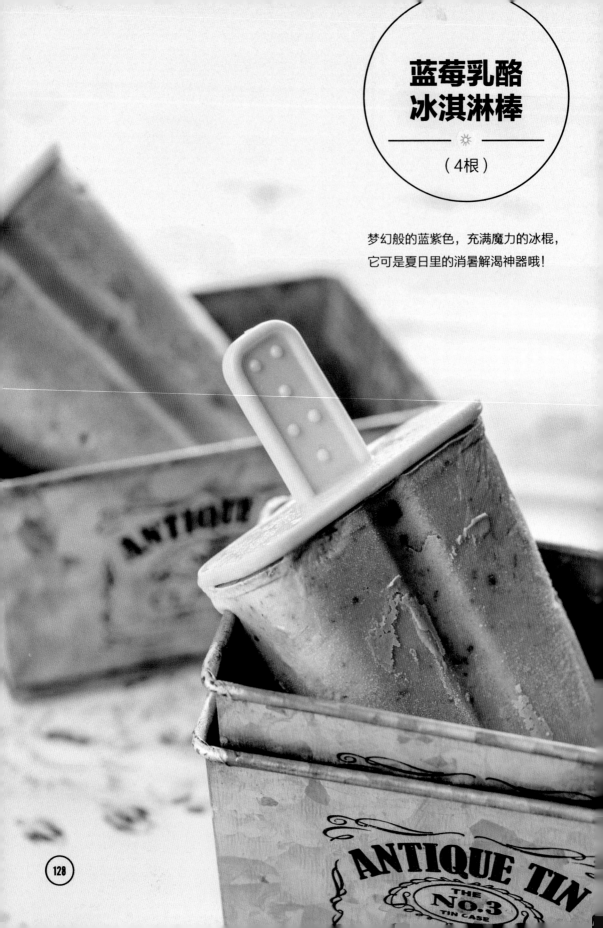

蓝莓乳酪
冰淇淋棒

※

（4根）

梦幻般的蓝紫色，充满魔力的冰棍，
它可是夏日里的消暑解渴神器哦！

奶油奶酪 ——————— 80g

炼乳 ——————— 25g

老酸奶 ——————— 100g

淡奶油 ——————— 80ml

椰浆 ——————— 30ml

蓝莓酱 ——————— 100g

1

准备材料。

2

奶油奶酪室温软化，加入炼乳，搅拌均匀。

3

加入老酸奶，搅拌均匀。

6

装入裱花袋，挤入模具里。

4

加入淡奶油、椰浆，搅拌均匀。

5

过筛后加入蓝莓酱，搅拌均匀。

7

冷冻一晚后脱模。

TIPS

1. 老酸奶可以用其他浓稠的酸奶代替。

2. 添加奶油奶酪，可以让冰淇淋更加黏稠，也增添风味。

笑脸冰淇淋棒

（2根）

这款冰棍有没有让你想起儿时的"卓别林"？更没想到的是，它竟然是榴梿口味！经典的外形，惊艳的口感，怎能不让人心生感动？

蛋黄 ———————— 1个
细砂糖 ———————— 5g
牛奶 ———————— 40ml
淡奶油 ———————— 35ml
榴梿肉 ———————— 120g
巧克力 ———————— 适量

步骤

1

准备材料。

2

蛋黄加细砂糖，用手动打蛋器搅拌至发白、
细砂糖溶化。

3

牛奶加淡奶油倒入奶锅里，小火加热至边上
冒泡，起锅倒入蛋黄液中快速搅拌。

6

模具中插入木棍。榴莲蛋黄奶油装入裱花袋中，挤入模具里，冷冻一晚后脱模。

4

液体倒回奶锅，小火加热至呈黏稠状，用刮刀不停搅拌，至用手指抹一下刮刀，能留下一道清晰痕迹时关火。

7

取适量的巧克力隔水化开，装入裱花袋，剪小口，挤眼睛和笑脸作为装饰。

5

蛋黄酱和榴梿肉倒入搅拌机里，搅拌均匀。

TIPS

1. 煮奶黄酱时，温度不要过高，煮的时间也不要过长，以免影响口感。

2. 如果购买的榴梿肉甜度不够，可以适当增加细砂糖的量。

熊掌冰淇淋棒

（2根）

这款冰淇淋棒是可爱的卡通熊掌的外形，口味设计成巧克力加乳酪。冰淇淋在口中融化后，可可的芳香融入奶香，在齿间四溢许久，带给你难忘的一抹香甜和清凉。

材料

奶油奶酪 ——	50g
细砂糖 ——	18g
玉米糖浆 ——	5ml
牛奶 ——	60ml
淡奶油 ——	50ml.
黑巧克力 ——	10g

步骤 ·········· ①········②·········③········●

准备材料。

奶油奶酪加细砂糖、玉米糖浆，搅拌至没有颗粒。

牛奶加热至50℃左右，分3次倒入奶油奶酪里，搅拌均匀，过筛备用。

6

黑巧克力隔水化开，与30g原味雪糕糊搅拌均匀。

7

装入裱花袋，先挤一层巧克力糊，填满熊掌四个指头和掌心，冷冻10分钟。

8

模具中插入木棍，把剩余的原味雪糕糊挤入模具里，冷冻一晚后脱模，即可享用。

4

淡奶油打至6分发，提起打蛋头，有小弯钩即可。

5

打发好的淡奶油与奶酪糊搅拌均匀。

TIPS

1. 10g黑巧克力可以换成可可粉，也可以滴1~2ml红丝绒液做成粉红色熊掌。

2. 如果没有玉米糖浆，可以换成炼乳。

3. 淡奶油打至6分发即可，过度打发会导致冰淇淋过软。

DELICIOUS
ICECREAM

Part 4

炫酷爽·冰饮

莫吉托·苏打水·沙冰

水果茶·思慕雪

咖啡·奶茶

自制糖水

这是一款基础糖水，我们做各种饮品都会用到它。

材料

香橙 _____ 3片

细砂糖 _____ 300g

热水 _____ 300ml

柠檬 _____ 2片

步骤

1 全部材料倒入奶锅，开火加热，搅拌至细砂糖完全溶化。

2 转中小火煮2分钟，关火过筛，放置室温冷却。

TIPS

1. 糖水可冷藏密封保存，保质期3天。

2. 熬煮时间过长，蒸发水分过多，会导致糖水过甜。

莫吉托（Mojito）是最著名的朗姆调酒之一，起源于古巴。传统的莫吉托是一种由五种材料制成的鸡尾酒，这五种材料是：淡朗姆酒、糖水（用甘蔗汁调成）、柠檬（青柠）汁、苏打水和薄荷。

我设计的这款青柠莫吉托保留了青柠与薄荷的清爽，去掉了酒精，使它成为一款大众皆可接受的夏日清爽饮品。

青柠莫吉托

（约500ml）

材料

薄荷叶 —————— 12片
青柠 ——————— 1个
糖水 ——————— 45ml
冰块 ——————— 220g
苏打水 —————— 200ml

1 准备材料。苏打水冷藏备用。

2 青柠切成6份，一份为一角。

3 薄荷叶及青柠在碗中捣烂，放入杯中。

4 加入糖水和冰块。

TIPS

1. 青柠和薄荷搭配，清爽宜人，很适合夏日饮用。

2. 苏打水应选用无糖的。如果选用的是含糖苏打，糖水的量要适当减少。

3. 冰块的用量可根据杯子的大小调整，通常先用冰块填满杯子，然后倒入苏打水。

5 加入苏打水。

6 搅拌均匀即可饮用。

金桔柠檬
苏打

（500ml）

以金橘和柠檬为主料，这款饮品做法简单，口味独特，快来试一试吧！

材料

柠檬 ———— 2片

金橘 ———— 3颗

糖水 ———— 40ml

冰块 ———— 220g

苏打水 ———— 200ml

步骤

准备材料。苏打水冷藏备用。

把2片柠檬在杯中捣烂。金橘切开，挤汁。

加入糖水、冰块、苏打水，搅拌均匀。

TIPS

1. 金橘有消炎、去痰、抗溃疡、消食、降血压、增强心脏功能和理气止咳等功效，适宜夏季食用。

2. 苏打水应选用无糖的。如果选用的是含糖苏打，糖水的量要适当减少。

3. 冰块的用量可根据杯子的大小调整，通常先用冰块填满杯子，然后倒入苏打水。

蜂蜜百香果苏打

（约500ml）

百香果又称西番莲，为热带藤本攀附果树，果实甜酸可口，风味浓郁，芳香怡人。百香果中含有超过100种以上的芳香物质，是世界上已知最芳香的水果之一。百香果和蜂蜜混合，加入冰冻苏打后，酸甜适中，口感清爽，让你在炎炎的夏日独享清凉舒畅一刻！

材料

金橘	2颗
百香果	2颗
蜂蜜	65ml
菠萝酱	5g
冰块	220g
苏打水	200ml
柠檬	1片

 TIPS

1. 用蜂蜜代替糖水，风味更佳。

2. 苏打水选用无糖的，如果选用的是含糖的，蜂蜜的量要适当减少。

3. 冰块的用量应根据杯子的大小有所调整，通常用冰块填满杯子，然后再倒入苏打水。

 步骤

1 准备材料。苏打水冷藏备用。

2 金橘放入碗中，捣烂压汁。

3 百香果切开，舀出汁，与金橘汁搅拌均匀，倒入杯里。

4 加入柠檬片、菠萝酱、蜂蜜，搅拌均匀。

5 加入冰块、苏打水，搅拌均匀。

菠萝莫吉托

（约500ml）

菠萝是夏日的时令水果，这款配方把菠萝煮成酱，方便储存。无酒精菠萝莫吉托香味浓郁，甜酸适口，夏日里饮用，沁人心脾，清凉无比。

材料 菠萝酱

菠萝	—————— 1个
细砂糖	—————— 80g
玉米糖浆	—————— 30ml
新鲜柠檬	—————— 半个

材料 莫吉托

菠萝	—————— 50g
薄荷叶	—————— 12片
青柠	—————— 4角
冰块	—————— 200g
苏打水	—————— 200ml
糖水	—————— 30ml

步骤 制作菠萝酱

1

菠萝切小丁，放进锅中。

2

细砂糖倒入菠萝中，大致拌匀，静置约半小时，待菠萝出水。

3

新鲜柠檬榨汁加入，搅拌均匀。

4

小火加热，煮至沸腾时加入玉米糖浆。

5

继续煮至浓稠时关火，装入密封瓶放置室温冷却，待用。

● **制作菠萝莫吉托**

将青柠切成6份，一份为一角。

薄荷叶及4角青柠在碗中捣烂，倒入杯中。

加入菠萝酱、糖水，搅拌均匀。

加入冰块、苏打水，搅拌均匀。

TIPS

1. 菠萝也可以先用搅拌机打碎，再熬煮菠萝酱。

2. 菠萝要选用熟透的，这样熬煮出来的菠萝酱才味道浓郁。菠萝酱可密封冷藏保存，保质期一周。

3. 苏打水要选用无糖的，如果选用含糖的，糖水的量要适当减少。

4. 冰块用量根据杯子的大小可做调整，通常先用冰块填满杯子，然后再倒入苏打水。

蓝莓苏打特饮

（约500ml）

蓝莓是一种小浆果，果实呈蓝紫色，果肉细腻，酸甜适口，具有香爽宜人的香气，为鲜食佳品。

材料

蓝莓酱	30g
糖水	15ml
柑橘	1个
青柠片	2片
黄柠檬片	1片
薄荷叶	6片
冰块	200g
苏打水	180ml
草莓	1颗
芒果	适量

1

准备材料。

2

蓝莓酱放入杯中。

3

加入糖水，搅拌均匀。

4

柑橘汁挤入杯中。

放入冰块。

放入草莓、芒果、青柠片。

⑦ 倒入苏打水，放上黄柠檬片和薄荷叶装饰。饮用前搅拌均匀。

TIPS

1. 苏打水要选用无糖的，如果选用含糖的，糖水的量要适当减少。

2. 用冰量可根据杯子的大小调整，通常先用冰块填满杯子，再倒入苏打水。

亚洲沙冰

（约500ml）

这款亚洲沙冰，原料都是自制的果酱，有蓝莓酱和菠萝酱，搭配香蕉搅打至细腻，口感绵软细滑，味道融合多种果香，品尝之后齿颊留香，香香甜甜，冰冰凉凉！

材料 蓝莓酱

蓝莓 —————— 300g

细砂糖 ————— 80g

玉米糖浆 ——— 30ml

新鲜柠檬 ——— 半个

材料 沙冰

蓝莓酱 ————— 120g

香蕉 —————— 半根

菠萝酱 ————— 45g

冰块 —————— 280g

TIPS

1. 饮品中放入香蕉，让沙冰口感更加黏稠细滑。

2. 做好的蓝莓酱可密封冷藏保存，保质期一周。

步骤 制作蓝莓酱

1 准备蓝莓酱材料。新鲜柠檬榨汁备用。

2 细砂糖倒入盛有蓝莓的锅中，大致拌匀。

3 加入柠檬汁，搅拌均匀。

4 小火加热，煮至沸腾时加入玉米糖浆。继续煮至浓稠即可。放置室温冷却，待用。

步骤 制作沙冰

5 取120g蓝莓酱及其他沙冰材料，倒入搅拌机里，搅拌均匀即可。

天堂岛

（约350ml）

"天堂岛"这个名字很容易让人拥有美丽的视觉联想：沙滩，海浪，海鸟……你能联想到什么呢？快来品尝并体验一下吧！

材料

益力多 ——————— 1瓶
蓝柑糖浆 ——————— 15ml
苏打水 ——————— 170ml
大冰球 —— 1个（60g）

TIPS

1. 大冰球是这款饮品的亮点，可以用硅胶模具加水冷冻一晚完成，如果没有也可以换成普通冰块。

2. 蓝柑糖浆是一款调饮品，是制作鸡尾酒的糖浆，也常用来制作分层饮品。

3. 苏打水要选用无糖的，如果选用含糖的，其他含糖材料的量要适当减少。

步骤

1

准备材料。苏打水冷藏备用。

2

大冰球放入杯里，倒入益力多。

3

蓝柑糖浆加入65ml苏打水，搅拌均匀。

4

倒入杯里。

5

最后倒入剩余的苏打水。

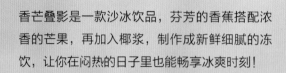

香芒叠影

（约500ml）

香芒叠影是一款沙冰饮品，芬芳的香蕉搭配浓香的芒果，再加入椰浆，制作成新鲜细腻的冻饮，让你在闷热的日子里也能畅享冰爽时刻！

材料

香蕉	半根
芒果	100g
椰浆	30ml
糖水	45ml
冰块	280g

步骤

1 准备材料。

2 所有材料倒入搅拌机，搅拌均匀。

3 装入杯里，装饰即可。

TIPS

1. 芒果要选用熟透了的，味道浓郁，与香蕉的香味充分融合，相得益彰。

2. 加入香蕉能让沙冰的口感更加黏稠细滑。

3. 添加椰浆能增加椰香风味，也可以换成炼乳，但糖水的量要适当减少。

这款沙冰采用香味浓郁的凤梨搭配清新酸爽的青柠及清凉的薄荷，经过搅拌机精细搅打，口味充分融合，一款口感特别、清新舒畅、热带风味浓郁的饮品就闪亮登场了！

凤梨青柠沙冰

（约350ml）

材料

凤梨	——————	250g
薄荷叶	——————	5片
青柠汁	——————	30ml
糖水	——————	45ml
青柠片	——————	3片

TIPS

1. 这款沙冰其实是莫吉托口味的。

2. 凤梨提前冷冻，既是饮品的原材料，又能代替冰块，制作出的成品果香味更浓郁，真正原汁原味。

步骤

1

准备材料。凤梨提前冷冻2小时。

2
青柠片放入杯里，贴壁装饰。

3

冷冻好的凤梨和薄荷叶、青柠汁、糖水倒入搅拌机里，搅拌均匀。

4

装入杯里，装饰即可。

奥利奥星冰乐

（450ml）

星冰乐是星巴克的招牌饮品，现在也可以DIY了。我们这款星冰乐制作简单，口感丰富，风味十足，夏日里用来招待好友最合适不过了！

材料

奥利奥饼干碎 ——— 65g
太妃炼乳 ——— 25ml
牛奶 ——— 120ml
三花冰品奶基底粉 – 10g
冰块 ——— 200g

装饰

淡奶油 ——— 100ml
太妃炼乳 ——— 10ml

TIPS

1. 三花冰品奶基底粉是制作饮品和冰淇淋的专用粉，如果没有可以用奶粉代替。

2. 太妃炼乳可以用巧克力酱或自制的焦糖酱代替。

3. 这款饮品介于沙冰和奶昔之间，可用勺子把奶油和沙冰搅匀，混在一起吃，味道特别好。

步骤

1 准备材料。

2 奥利奥饼干碎、太妃炼乳、牛奶、基底粉、冰块放进搅拌机，搅拌均匀。

3 倒入杯里，冷冻备用。

4 打至6分发的淡奶油加太妃炼乳继续打发。打发后放入裱花袋。

5 杯口挤一圈太妃奶油装饰，再撒上少许果仁碎，即可享用。

西瓜特饮

（约500ml）

最常见的西瓜汁加入漂亮的新鲜覆盆子和薄荷叶，立刻华丽变身为时尚的冰饮。一口喝下去，香甜的西瓜汁带着覆盆子微酸的口感和薄荷的清新，让普通的西瓜汁也变得不一般！

材料

西瓜 ——————— 350g

糖水 ——————— 20ml

覆盆子 ——————— 30g

薄荷叶 ——————— 适量

冰块 ——————— 180g

TIPS

1. 可以将一半西瓜汁换成苏打水,做成西瓜苏打特饮。

2. 如果你喜欢酸酸甜甜的味道,也可以添加4角青柠。

步骤

1 准备材料。

2 西瓜榨汁过筛。

3 冰块、覆盆子、薄荷叶放入杯里,倒入糖水。

4 倒入西瓜汁,饮用前搅拌均匀。

这是一款以芒果和草莓为主题的冷泡茶。水果冷泡茶独特的制法，让饮品茶香清纯，并伴有水果的微香，细细品来，清爽阵阵，回味悠长！冷泡茶可以保留茶叶中的儿茶素、茶多酚等物质，能有效促进肠胃蠕动，清除宿便，瘦身减脂。茶叶冷泡后可减少丹宁酸释出，饮用时可减少苦涩味，改善口感。而且，冷泡法还可以减轻茶碱的释放，所以喝冷泡茶不仅消暑解渴，还不伤胃，也不影响睡眠。

芒果草莓冰茶

（500ml）

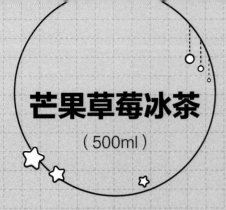

材料

芒果	80g
草莓	2颗
蓝莓	3颗
黄柠檬	1片
薄荷叶	4片
青柠檬	1角
绿茶茶包	1包
热水	200ml
冰块	150g
糖水	45ml

1

准备材料。

2

芒果、草莓、蓝莓切开，放入密封容器里。

3

绿茶茶包倒入热水，搅拌均匀。

4

加入糖水，搅拌10秒左右。

5

加入冰块，搅拌均匀。捞起茶包，放入加水果的密封容器里。

6

将茶液倒入密封瓶里。

7

加入黄柠檬片、青柠角、薄荷叶，密封冷藏。

TIPS

1. 这款水果冰茶属于冷泡茶，需要冷藏浸泡12小时后饮用，保质期48小时。

2. 添加糖水和柠檬片，起防腐作用，可延长保质期。

香橙西柚冰茶

（约500ml）

这也是一款冷泡茶。香橙和西柚的维生素C含量极其丰富，能促进抗体生成，增强人体的解毒功能。香橙和西柚采用冷泡茶方法制成饮品，非常适合夏日饮用，可大量补充维生素C，让你整个夏日都神采奕奕、神清气爽！

香橙 ————— 3片

西柚 ————— 1片

蓝莓 ————— 2颗

青柠檬 ————— 1角

黄柠檬 ————— 1片

薄荷叶 ————— 4片

热水 ————— 200ml

冰块 ————— 150g

糖水 ————— 45ml

伯爵茶包 ————— 1包

步骤

1

准备材料。

2

香橙、西柚、蓝莓切开，放入密封容器里。

3

伯爵茶包倒入200ml热水泡开，搅拌均匀。

4

加入糖水，搅拌10秒钟左右。

5

加入冰块，搅拌均匀。捞起茶包，放入密封容器里。

6

茶液倒入密封容器里。

7

加入柠檬片、青柠角、薄荷叶，密封冷藏。

TIPS

1. 这款水果冰茶属于冷泡茶，需要冷藏12小时后饮用，保质期48小时。

2. 添加糖水和柠檬片，起防腐作用。

3. 伯爵茶添加芳香柑橘类水果，风味独特。

思慕雪起源于20世纪70年代的美国，是指"杯中的健康食品"，也可以理解为一类富含维生素的快餐小吃或甜点。这款思慕雪由芒果、香橙、自制菠萝酱等搭配而成，加上即食燕麦，色彩鲜艳宜人，营养健康又美味！

夏日思慕雪

（约450ml）

材料

菠萝酱	80g
芒果	150g
香橙	150g
燕麦	20g
酸奶	50g
香橙	2片

步骤

1 准备材料。

2 把菠萝酱、芒果、香橙、酸奶倒入搅拌机里，搅拌均匀。

3 香橙片贴在杯子壁上做装饰。

4 果汁酸奶倒入杯中。

5 最后放上即食燕麦即成。

TIPS

1. 思慕雪的主要成分是新鲜的水果或者冰冻的水果，用搅拌机打碎后加上碎冰、果汁、雪泥、乳制品等，混合成半固体的饮品。这种饮品类似沙冰，与沙冰不同的是，它的主要成分为水果。

2. 这款饮品选用多种夏季水果，水果本身甜度足够，所以配方里没有糖水，如果喜欢吃甜，可适量添加糖水。

3. 即食燕麦可以换成酸奶或者打发好的淡奶油，又是另一番风味。

草莓酸奶
思慕雪

（约350ml）

草莓现在已经不是冬末春初才有的水果，在炎炎的夏日我们也可以品尝到香气四溢、香甜幼滑的草莓。这款思慕雪的主角是草莓，酸酸甜甜的草莓酸奶思慕雪与表面的奶油一起品尝，可以降低饮品的酸度，同时奶香味浓郁，相信你一定会喜欢！

草莓 ——————— 180g

覆盆子 ——————— 30g

酸奶 ——————— 100g

糖水 ——————— 20ml

装饰

淡奶油 ——————— 80ml

细砂糖 ——————— 8g

TIPS

草莓也可换成蓝莓、黑莓，制作成杂莓思慕雪，口感超级棒哦！

步骤

准备材料。

新鲜草莓切开，中间部分切薄片，放入杯中贴壁装饰。

剩下的草莓和覆盆子、酸奶、糖水一起倒入搅拌机里，搅拌均匀。

倒入杯中。

淡奶油加入细砂糖，用电动打蛋器打发。装入裱花袋，在杯子上挤一圈奶油装饰即成。

蓝莓香蕉思慕雪

———— ☀ ————

（约450ml）

蓝莓富含花青素，可以改善视力，缓解眼疲劳；蓝莓同时也是酸甜适口、果肉细腻的水果。这款蓝莓香蕉思慕雪口感幼滑，味道极佳，还有很高的营养价值，很适合作为营养早餐或者下午茶补充体力。

材料

蓝莓	180g
燕麦	30g
香蕉	1根
酸奶	180g
蜂蜜	10ml
冰块	2颗

步骤

1

准备材料。

2

半根香蕉切片备用。

3

把蓝莓和另外半根香蕉以及蜂蜜、冰块、100g酸奶放入搅拌机里，搅拌均匀。

4

1/3果泥倒入杯里，铺上一层香蕉片，再倒入1/3果泥。

5

铺一层燕麦，把剩余的果泥倒入。

6

再把剩余的酸奶倒在最上面，铺上一层燕麦即可。

TIPS

表面装饰的酸奶可换成打发好的淡奶油，就是一款奶香味十足的蓝莓饮品。

燕窝木瓜芒果思慕雪

（约400ml）

燕窝和木瓜是天生的最佳搭档，这款饮品除了清凉去暑，更可美容养颜、减脂瘦身，爱美怕热的美女们可以多多关注哦！

材料

木瓜 ——————— 200g
芒果 ——————— 150g
酸奶 ——————— 50g
轻炖燕窝 ————— 9g
奇异果片 ———— 3片

步骤

1 准备材料。

2 燕窝隔水炖20分钟，
过筛备用。

3 木瓜和酸奶倒入搅拌机里，搅拌均匀。

4 杯壁贴奇异果片装饰，倒入木瓜酸奶。

5 芒果倒入搅拌机，搅拌均匀成芒果蓉。

6 杯口倒入芒果蓉。

7 放上燕窝，拌匀食用。

TIPS

1. 配方中选用轻炖燕窝，省去处理燕窝的烦琐过程，只需要隔水炖20~25分钟即可食用。

2. 木瓜要选用熟透的，甜度比较高，如果甜度不够，可以加20g细砂糖一起搅拌。

3. 酸奶换成牛奶，就可做出木瓜牛奶奶昔。

西柚中含有丰富的维生素C和珍贵的天然维生素P，是含糖分较少的健康水果。维生素P可以增强皮肤及毛孔的功能，有利于皮肤保健和美容。这款西柚奶昔，冰凉透心，能量满满。酷暑难耐，喝一杯西柚奶昔，既解暑又美容，爱美的你一定不要错过！

西柚奶昔

（约450ml）

材料

西柚肉 ———— 1个
香蕉 ———— 1根
糖水 ———— 45ml
酸奶 ———— 100g

步骤

1 准备材料。

2 所有材料一起放入搅拌机里，搅拌均匀。

3 倒入杯里，可放入适量的冰块。

TIPS

1. 西柚要去皮去瓤，带白瓤的部分会让果汁苦涩。

2. 酸奶可换成牛奶。

就算是不习惯喝咖啡的人，也难敌拿铁芳香的滋味。这款红丝绒拿铁，让拿铁单调的颜色呈现新的变化，颜值加分，美味加倍！

红丝绒拿铁

（350ml）

材料

红丝绒拿铁粉 —— 12g

热水 —————— 20ml

牛奶 ————— 150ml

浓缩咖啡 ——— 30ml

冰块 ————— 150g

淡奶油 ————— 10g

糖水 —————— 5ml

TIPS

1. 浓缩咖啡（Espresso）是一种意大利式煮制咖啡的方法，是指将咖啡粉在咖啡机高压下快速萃取出来，呈红棕色，上面覆盖一层咖啡油。

2. 红丝绒拿铁粉可以在咖啡店里购买。

步骤

1 准备材料。

2 红丝绒拿铁粉加入淡奶油、糖水、热水，筅打至没有颗粒。

3 倒入杯里，加入冰块。

4 加入牛奶。

5 加入浓缩咖啡即成。

咖啡加奶茶的组合，在香港叫"鸳鸯"，因咖啡属热性饮料，茶属温凉性饮料，将它们搭配在一起再合适不过了。除了温热互补，它们在口味上也是绝配！

咖啡奶茶

（约500ml）

步骤

材料

咖啡粉	——	11g
热水	——	100ml
红茶粉	——	5g
黑白淡奶	——	80ml
冰块	——	250g

TIPS

1. 可以购买现成的挂耳包咖啡冲泡，也可以购买咖啡豆，自己研磨成咖啡粉再使用。

2. 咖啡粉开封后需要密封干燥保存，1个月内使用完不影响风味。

3. 做这款饮品也可以不放红茶粉，制成的就是奶啡。

1

准备材料。

2

黑白淡奶倒入杯里，加入细砂糖，搅拌均匀。

3

把挂耳包袋挂在杯上，放入咖啡粉。

4

放入红茶粉。

5

先倒入30ml的热水（85℃~90℃），湿润咖啡粉和红茶粉，然后倒入剩余的热水，浸泡1~2分钟后拿掉挂耳，放凉后加入冰块即成。

海盐杀菌、美容，咖啡提神醒脑，海盐咖啡苦中带咸，风味别具。

海盐咖啡

（约500ml）

步骤

材料

咖啡粉	11g
热水	120ml
牛奶	80ml
细砂糖	28g
淡奶油	80ml
海盐	1g
冰块	200g

1

准备材料。

2

把咖啡粉放入挂耳包里。

3

先倒入30ml的热水（85℃~90℃），湿润咖啡粉，然后倒入剩余的热水闷泡1分钟，过滤出来咖啡液体。

4

加入细砂糖，搅拌均匀，放凉。

5

加入冰块和牛奶。

6

淡奶油、海盐和剩余的细砂糖混合，打至6分发，倒入杯里即成。

TIPS

1. 可以购买现成的挂耳包咖啡冲泡；也可以购买咖啡豆，自己研磨成咖啡粉使用。

2. 咖啡粉开封后需要密封干燥保存，1个月内使用完不影响风味。

3. 这款饮品也可以制作成热饮：去掉冰块，把牛奶加热至45℃左右，再加入热咖啡液里即可。

珍珠奶茶是畅销不衰的流行饮品，奶香、茶味悠长，香滑细致的奶茶搭配柔软香糯的珍珠是其灵魂所在！

珍珠奶茶

（约500ml）

材料

珍珠粉圆	50g
细砂糖	15g
红茶茶包	2包
热水	150ml
炼乳	40ml
黑白淡奶	40ml
冰块	230g

TIPS

1. 淡奶不是淡奶油，而是将牛奶蒸馏后除去一些水分的产品，有时也用奶粉和水以一定比例混合后代替。经过蒸馏，淡奶的含水量比鲜牛奶少一半。淡奶常用于制作甜品，冲调咖啡及奶茶等饮料。

2. 如果没有淡奶，可以用牛奶代替，但需要增加用量。

3. 煮珍珠粉圆的水必须是沸腾的，闷20分钟的过程中切勿打开锅盖；捞起后沥干，切勿用冷水冲洗。煮好的珍珠宜在3小时内使用完。

步骤

1 准备材料。

2 锅里盛500ml的水，煮沸后放入珍珠粉圆，搅拌至粉圆浮起，盖上锅盖，中小火煮30分钟后关火，闷20分钟，捞起后沥干，加细砂糖拌匀备用。

3 红茶茶包加入热水，泡15分钟后取出茶包。

4 加入黑白淡奶和炼乳，搅拌均匀，放凉。

5 杯中放入珍珠粉圆，加入冰块，拌匀即可。

抹茶奶盖

（约500ml）

当你寻找抹茶根源的时候，会发现抹茶其实是中国古代的饮品。现在的优质抹茶多选取日本抹茶，颜色翠绿，粉质细腻，味道微苦不涩，还有淡淡的清香。这款饮品以抹茶点睛，挑选上好的抹茶和用心制作的是饮品成败的关键。抹茶奶盖是夏日比较流行的饮品之一，把奶油和海盐打至6分发，就可以制作出带有淡淡咸味的奶泡，口感细腻轻盈，给舌尖绝好的抚慰。

材料 抹茶液

抹茶粉 ——————7g
热水 —————— 100ml
细砂糖 —————— 35g
冰块 —————— 250g

材料 奶盖

淡奶油 —————— 50ml
牛奶 —————— 15ml
奶油奶酪 —————— 30g
海盐 —————— 1g
细砂糖 —————— 8g

步骤 制作抹茶液

1

准备材料。

2

抹茶粉加热水，筅打至没有颗粒。

3

加入细砂糖，搅拌均匀。

4

趁热把抹茶液倒入放了冰块的杯里，搅拌均匀。

制作奶盖

5

奶油奶酪和牛奶混合，搅拌至没有颗粒。

6

淡奶油加细砂糖和海盐，打至6分发，可以缓缓流动即可。

7

打发好的淡奶油与奶油奶酪液体混合拌匀。

8

把做好的奶盖慢慢倒在抹茶液上。

9

撒上抹茶粉和一点海盐即成。

TIPS

1. 抹茶液需要趁热倒入放了冰块的杯里。如果冷却后再倒入，抹茶味过浓，可能会苦涩。

2. 可以把热水换成牛奶，制作抹茶拿铁。